觉醒

唤醒沉睡的生命

博雄梵歌◎著

中国财富出版社

图书在版编目（CIP）数据

觉醒：唤醒沉睡的生命 / 博雄梵歌著. —北京：中国财富出版社，
2018.4

ISBN 978－7－5047－6637－3

Ⅰ.①觉… Ⅱ.①博… Ⅲ.①人生哲学－通俗读物 Ⅳ.①B821-49

中国版本图书馆CIP数据核字（2018）第087800号

策划编辑	刘 晗	责任编辑	张冬梅 郑晓雯	
责任印制	尚立业	责任校对	孙会香 卓闪闪	责任发行 董 倩

出版发行	中国财富出版社		
社 址	北京市丰台区南四环西路 188 号 5 区 20 楼	邮政编码	100070
电 话	010－52227588 转 2048/2028（发行部）	010－52227588 转 321（总编室）	
	010－68589540（读者服务部）	010－52227588 转 305（质检部）	
网 址	http://www.cfpress.com.cn		
经 销	新华书店		
印 刷	固安县京平诚乾印刷有限公司		
书 号	ISBN 978－7－5047－6637－3/B・0538		
开 本	710mm×1000mm 1/16	版 次	2018 年 8 月第 1 版
印 张	13.5	印 次	2018 年 8 月第 1 次印刷
字 数	118 千字	定 价	68.00 元

献给那些真诚在寻找
「觉醒」的人……

他人问：为什么我总觉得没什么事能让自己开心？

我答：因为你总是想着自己不开心，却忽略了自己所拥有的美好，比如健康、自由、丰衣足食……

他人问：我觉得生活一团糟，如何才能解脱？

我答：恭喜你，能够感觉到糟糕，便是开始了解脱。

他人问：别人眼中的"我"与自己眼中的"我"不一样时，该如何？

我答：做自在、自如的真我便好。

他人问：总是浮躁、焦虑、静不下心来怎么办？

我答：持之以恒地打坐、参禅、修道。

他人问：我很痛苦、纠结，该如何？

我答：一切的遭遇都是修行的过程，痛苦更能让人开悟。

他人问：修行的道路上会有什么磨难，又该如何坚持？

我答：内在的磨难——心有困惑，信仰不坚定，认识不清晰；外在的磨难——世间的纷扰，他人的不解，生活的苦难。将修行融入日常，接受自己当下的状态，坚定信心，持之以恒。

他人问：如何才能做到觉醒？

我答：不要试图叫醒装睡的人，因为觉醒需要自觉，尽管这种自觉伴随着痛苦与艰难，但只有觉醒的人才有机会看到五彩斑斓的世界。

他人问：什么是人生最大的悲哀？什么是人生最大的喜悦？

我答：人生最大的悲哀，就是在错误的人际圈里，不知不觉耗尽一生，碌碌无为地度过一生！人生最大的喜悦，就是遇见知音！你点燃我的激情，我点燃你的梦想。你照亮我的前途，我指引你走过黑暗的旅程。你我，相互成就！

……

谨以此书献给正在觉醒的你！

目录

上篇四觉
醒悟人生真谛

I

下篇五道
崛起生命能量

序　章

这是一个全民觉醒的时代

·················· 博雄心语 ··················

不是觉，就成迷。觉性升起，迷就消散。

智慧与真理近在眼前、身边，
觉性便自动升起，
觉性升起越来越多，
便是觉醒，
便是指路明灯，
会一直照耀我们走向智慧之路，
到达心性自由之终点。

人类纪元：宇宙觉醒

还记得吗？2012 年世界末日的预言，加上一部《2012》灾难性的商业大片，曾牵动了多少人的神经？时至今日，再次谈起，人们把它看成了一个"闹剧"，那么，它真的是"闹剧"吗？

根据《玛雅历法》的预言传说，2012 年地球将结束第四个太阳纪，我国的古籍《推背图》和《周易》也都指向这个特殊的时间点——2012 年。然而，我们并没有迎来世界末日，那么"2012"真正的意义何在？其实它预示着我们人类已经进入一个快速觉醒、快速进化的新时期，我们正在做最充分的准备，以迎接一个崭新的未来——人类新纪元的到来。

不管你承认不承认，我们都在迅速地演变着，很多人慢慢地睁开了自己的眼睛，越来越多人开始意识到身处于荒谬的现实。

在被预示"世界末日"的那几天，人们好像陡然睁开了眼睛，都在嘲笑这个世界的虚妄和可笑。而这样的时刻，也就是 2012 年 12 月 21 日，地球第一次成为了一个完整、合一的意识①。虽然这个体验非常短暂，但却是一个"分水岭"，我们把这一次的变化称为"新纪元的到来"。

今天的我们都很幸运，不仅共同经历了新纪元到来的那一时刻，也可以说迈入了黄金纪元。

那么黄金纪元和新纪元有什么区别？

2012 年地球第一次形成的一体意识只是意识的存在，是人类集体意识的短暂的达成，仅仅是一个体验，体验过后，大家一方面懵懵懂懂地追求着这种合一意识（地球意识），另一方面依旧在现实生活中被自我的意识不断地影响、约束着。而黄金纪元则是地球意识将通过具体的一些人来显化。也就是说会有一些人，他们可能拥有不同的面

---

① 在此之前，地球的意识是分裂的，每一个区域都有自己独特的信仰，虽然每一个区域都有一个集体意识，但是地球从来没有形成过一体意识。

孔、性别、种族，但是这些都不重要，重要的是他的意识是地球的意识，说的话、做的事、心中想起的每一个念头都是会站在地球及全人类本相的角度去思考，地球的一体意识可以借助于他——一个具体的人显化出来，所以我们称为黄金纪元。

所以，我将新纪元看成是人类站在三次元对四次元的一次集体的"窥视"，一种集体的觉醒；黄金纪元则是人类身在三次元和四次元的时代。

关于"次元"，不同的人有不同的理解和说法，每一个次元也都有着不同的能量和表现。

身处三次元的我们要接受时空的限制，同时通过双眼承受二次元给我们制造的种种"生活幻像"，但是四次元是整个人类甚至整个地球要达到的一种意识形态。它对我们来说，不是时空的转变，不是要我们的生命换一个地方继续生存，也不像三次元那般具有时空的局限性，而是让我们可以到达一种新的、更加接近生命本相的意识能量。

在四次元中，我们对自己的创造和体验会有更加直接的感受，我们开始更加直接地关注到自己的创造和体验的部分，并且能够从中看到自我体验、创造与其他生命体之间的关联，从而深切地明白宇宙万物互相联系、依托、依赖、不可分割的意识一体的真相。可以说，在四次元中的人类会更有全局性，会用一体性去看待生命中所发生的一切，并在这种意识指引下开始行动。

那么，生活在三次元和四次元的人有什么不同？

虽然同样都是生活在地球上，但却是同一个空间的不同生命体验。

举个非常简单的例子，站在三次元的角度，买一部新车也许刚到手的那一刻给自己带来了喜悦，但是这个喜悦是短暂的，因为最开始渴望拥有一部更好的车，如果得不到便会闷闷不乐。这个时候，就开始出现一个问题——欲望的满足才能带来喜乐，只有自己得到了，欲望满足了，我才开始快乐。但是四次元与之相反：我买这部车是因为爱它，在喜悦中得到它，我关注的是自身的一种喜悦体验，而非车子本身，当看到更好的车时，自然也就不会再生出欲望。

所以在三次元和四次元的人虽然都是生活在同一时空，但是内心的经历完全不同。在四次元里，人（体验）比事（物）重要，意识比物质重要，物质只是反映意识的存在状态。因此，三次元经营的是欲望，由欲望带来喜悦，而四次元经营的是"喜悦"，是美好的情感体验。

未来，所有在三次元层面出来的，靠经营欲望发家致富的企业家到了四次元都将被淘汰。三次元和四次元也将会分离得越来越远，就像两个分道并行的列车，随着四次元这趟列车速度的加快，两者只会越来越拉远彼此的距离，也会有截然不同的生命体验。

虽说每一种生命的体验都是同等的尊贵，可以选择在三次元物理现实中继续去体验，也可以进入一个新的意识状态。而我希望更多的生命如我一样拥有地球意识，能够自由地用更高的意识形态去进行一些完全不同的体验——成为新次元的自己！

这也是我写这本书的初衷。

心灵的觉醒才是真正的成长

　　不管身处三次元还是四次元，我们可能都要面临同一个问题——"安身立命"。

　　在我看来，"安身"就是获得一口饭吃，维持我们的生命，是一种向外的追求；而"立命"则是在安身的基础上，反问自己的生命，是向内的追求，是生命觉醒的范畴。

　　但是在物质极丰富的今天，人类的"安身"已经不存在问题，之所以很多人还有那么多"安身"的困扰，是因为他们有三次元的思维模式，被欲望所牵制，从来没有思考过自己该有怎样的生命态度，如何获得一种自由而深刻的"笃定"。

　　比如，有些人社会地位高，人脉充沛，生活富足，可是却牢骚不断，很不快乐。他们的心如风中的烛火摇摆不定，忙着贪婪、算计、争胜、忌妒、牢骚……真正生命的大事却毫不注意；有时为一点点的成就而沾沾自喜，在科技、金融、学术、行业等领域中取得不凡的成就，便自认高人一等，可是这些全都是一种外向的追求，完全与生命自身无关，同时亦有着诸如忌妒、怨恨、自负等各种不喜悦的"负面因子"……

在我们完整的生命里，除了这些外在的追求之外，还应该有更重要的内容——身的照顾和心的安顿。

而心如何安顿？便是觉醒，思维意识的觉醒，让信仰回归到一种地球意识乃至宇宙意识。人和宇宙之间是有着必然联系的，人体是宇宙意识的载体，宇宙意识希望通过人体来得到最好的体现和传承。也许你会觉得这很抽象，不好理解，没关系，请耐心看下去。

当你的意识真正能够达到这样的层面，能够以地球、宇宙的视觉来审视自己的生活时，你会发现，你已突破时空的瓶颈，精神和灵魂可以无限制地遨游，而现实生活的困苦、纠结、怨恨等都不值一提，即如佛家所云"剪去三千烦恼丝"，从而收获一个完整、自由、干净的自己。

具体来说，首先，你会发觉不再受现有资源的影响，你不会再纠结于"我的条件和能力有限"，而是站在一个更高层次的意识世界中，你自己有能力可以调用更多的资源，而这种能力是轻松和自在的。

其次，你会发现时间和空间的概念已经不是自己曾经理解的那般狭义，你可以超越这些。你不会把人生原来大部分的时间浪费在毫无意义的事情上。也就是说，在三次元的生活状态中，你大部分的时间为你的欲望所支配，你每天不停地见很多人，做很多事，但是真正对你的生活和生命有帮助的很少，而你也总是认为自己再努力一点，再勤奋一点，再多坚持、尝试一下就会成功，其实不过是另一轮毫无意义的"复制"。但是进入四次元，拥有地球意识，你会将更多的时间放在享受生命上，以这个为出发点，你可能花十分之一的时间去做一件事情会比现在效率高十倍。

另外，拥有地球、宇宙意识，可以让你回到"对"的位置上，可以让你清晰地意识到哪些人和事能够有效地支持着你的人生意义。很多生活在三次元层面的人问我：我现在应该选择一个什么行业？我应该怎么做？我这样做是对的吗？同时他们想当然地认为那些热门的路就是自己成功的路。可是选择走什么样的路不应该取决于我们要到哪儿去吗？如果那些热门的路不能支持你到达目的地，不管多宽你都不会去走。就像我们回家，也许会遇到很多条车水马龙、人流如潮的大道，但是我们不走，因为那不是家的方向。因此，如果你没有很清晰地确定你生命的道路，你就陷入了当下的迷茫，这也是今天很多人非常忙碌却无收获的原因，他总被更宽更热闹的路所吸引，而忘记或定错了自己的位置。而地球意识，会为你确定正确的人生道路，你不会被迷惑，也不会感到彷徨。

很庆幸，我们正处于这样一个觉醒的时代。

人类发展到今天，大部分都已经解决了温饱问题，已经开始上升到精神、心灵的层面。而四次元就是心灵的层面，是人类意识的扩展和觉醒，在做人、做事时会遵从于心，因内心而活，不会在贪欲、浪费、冲突、限制中挣扎，整个社会乃至整个宇宙都会更加有序、和谐。而这会是一个良性循环，会让更多的人回归心灵，"拿回"蕴藏在人类意识深处的本源力量。

当然，这样的觉醒需要一个契机。亲人亡故、重病、重大的挫败……都可能使我们沉静下来，激发生命的觉醒。比较幸运的情况是，遇到特殊的机缘，得到高人的指点。不过，高人常常不是名人，名人多是营销的结果。而高人可遇而不可求，且容易与我们擦肩而过。今天，你很幸运，和这本书结缘，这就是一个觉醒的契机。

四次元意味着无限制地去接近地球意识、宇宙意识，意味着你将进入一个更高层次的意识形态，意味着你的体验将更加珍贵，你将更富有创造力。

这一刻起，请回归生命本源，将"能量"放在自己身上，问自己：我准备好去哪里了吗？四次元的速度在加快，给你选择的时间并不是很多，是时候快速做出决定了。

结语：点亮我们自己

没有任何一盏灯能够彻底照亮你，只有你才能点亮自己。

那么，在这个世界上，你给自己的爱是那么重要，也唯有你给自己爱、给自己机会去成长、去超越。

你的世界里的一切都会因为你而改变，都会向着光明而改变。

当你深深地爱上自己，无比开心喜悦，看破一切幻象，在实相里，你的心灯就会时刻为你点亮！

每个人都有一个觉醒期，但觉醒的早晚决定个人的命运。

你能够坚持看到这里，说明你已经有了觉醒的意识，那么，请反思一下你的人生：你有"三千烦恼丝"，令你处处不得喜悦吗？它们是什么？为什么你为它们徒生烦恼？根源何在？你想如何改变？

根源即"真相"，了悟真相的修行，是宇宙意识的修行。

了悟真相的三个层次——戒、定、慧，戒引定，定生慧。

戒，指戒眼、耳、鼻、舌、身、意之"六根"繁杂。

定，指定脑、定心，听从内心指引，跟随心的感觉。

慧，指宇宙意识，万物一体，圆满合一。

而其过程便是本书的"四觉五道"。

未来属于拥有宇宙意识的正知正见、正念正发、正能量之人。

此书意在帮助有爱心、有责任心、会感恩之人觉醒，一起沟通天地，实现精神的丰盈、灵魂的解脱。

从心开始，回到自己的心中，走好自己的路，开启生命的觉醒之旅。

修行有道·天道

修行不难，觉醒不难，衣食言谈、行住坐卧无不是修行；琴棋书画、诗酒花茶无不可加持。

上天已为我们准备好了一切，一切都有待于我们的觉醒。

醒悟人生真谛

"四觉"
觉知、觉察、觉悟、觉醒

觉知，就是知道，知道自己在做什么，同时知道事物的对错、好坏的标准。

觉察，是一种敏锐的感知，能够察觉事物的合理或不合理所在。

觉悟，是一种深层次的"知道"，是对事物的出现、存在或运作的了解和知晓。

觉醒，由迷转醒，从所见所闻的事物中悟得形以外的境界或法理。

由上可见，从觉知到觉醒对事物的体会有层次深浅的不同。觉知、觉察重于事物表相的"感知"，而觉悟是比表相的观察多了更深一层的"了悟"；觉醒则是全然的"苏醒"，是拨开事物表相之后对世间法理的通透，从而达到一种大智慧境界。

每个人的领悟力和对事物的观察角度有所不同，所获得的"觉"便有深浅之别，继而产生的智慧相对不同。但是，每一个生命都有觉醒的能力，都可以通过"四觉"的修行实现最终的觉醒。

第一章

觉 知

········· 博雄心语 ·········

你无须外在的认可和肯定，
你的内在本自具足。
信任从信任生命开始，
从信任自己开始，
从连接自己的本源开始。

信任自己内在所有真实的显现，
生命中发生的一切只是为了让你前进，让你更美好；
一切的发生都是完美，
不完美只是我们对发生的认知不完美。

观念的种子

一千人就会有一千种命运。有的人大富大贵，有的人则只能数着米下锅；有的人每天活得充实幸福，有的人则一生碌碌无为……滚滚红尘，万千画像。

同是"命运"二字，为何有着如此大的区别？唯"观念"，长期论证所得：观念才是决定一个人命运的最根本因素。有什么样的观念，就会有什么样的人生。

而观念是如何形成的？在于我们的一朝一夕、一言一行之间。

生命是由数百万个"瞬间"（片刻）所组成的，我们就生活在一个个"瞬间"之中，一个个瞬间的体验、感受、影响日积月累便内化为我们的观念，如同在我们心里埋下的一颗颗种子，在我们认知世界及与外界相处的过程中，影响着我们的行为，左右着我们的思想。

其实，这也是众生面对自身生活的一种"心"的状态，众生的心性有染净执着之别，因此观念也有，于是便产生了常说的：成魔成佛，一念之间。而心中的种子，好坏都是因，都会在未来发芽结果，只是，善因者结善果，恶因者结恶果。

一个安于现状的人，不是说他四体不勤，不思进取，而是抱着"一亩地，两头牛，老婆孩子热炕头"的"小富即安"的观念。

一个以自我为中心的人，一旦遇到问题，第一时间抱怨的一定是客观原因和他人，不能说他人品有多坏，只是他的"出发点"错了。

……

观念是一切人生财富的心理根源，一个社会发展的高度、一个人发展的高度，就是观念到达的高度。

曾有一个法师说："以理性的心态面对问题，放下得失心，转个心念，心宽天地就宽。凡事都只是一个想法而已，观念若能打开，处处都能遇到贵人。"观念的改变，是我们应该突破的觉醒的第一层境界，需要我们去扫除认知途中的障碍。其做法就是打开自己的视野，客观看待自身与外界的取舍，就能远离迷惑。

因此，是观念，而不是环境在决定你的命运。走上觉醒之路之前你需要给自己种下三颗观念的种子。

〔世界观——万物繁杂，淡然处之〕

这个世界是纷繁复杂的，同时每个事物之间又大多是相连的，所以它会触发无数种可能，而"我"作为这个世界的一个个体，也就会有无数种的可能降临在"我"身上。当你明白这个道理的时候，对这个世界上发生的一切包括自己身上发生的就会更淡然面对。

〔人生观——人生多样，殊途归一〕

人生就是谁都知道终点在哪里，但是中途充满未知的旅程，这个旅程会有很多岔路口需要你去选择，看什么风景，遇到什么人，或者被迫走上一条自己不喜欢的路。你可以只是一个旁观者，也可以成为引领者，或者是某个路途供人瞻仰的风景。但是本质上你只是一个旅者，尽可能地经历人的所有正向的元素，如此便足矣。

〔价值观——价值呈现，重因轻果〕

人生该懂得的事很多，但有一种懂得就是彻悟，即悟得生命的真正意义和价值。当你真的懂得以后，你会发现自己的价值已经不由结果来衡量，获得结果需要过程，这个过程也许很短，也许很长，而且还会有着很多不可控的变量，所以价值就在于你的"初心"——你想获得的结果和为此做出的努力，最后结果反而不重要了。

人的命运在选择，选择的核心是观念。一旦观念出了问题，不论你多么有知识、多么有能力，都失去了意义；只有观念正确了，人生才会随之改变。

而修行是一条通往人类内心最深远处的道路，从修炼观念开始，顺着"心"的状态，用最合适的方式方法，找回那个真实的自己。因为，"有心"是一切成功之因。

当然，众生的心性有染净执着之别，因执着而生烦恼，以此遭受轮回之苦；心性清净即可断除烦恼，由凡入圣。因此我们必须学会修行一颗"无垢初心"，于沉浮人世中，不迷失，不受诱惑，安然宁静。

观念修正

修行就是修正自己错误的观念。

一个人无法放弃过去的无知，就无法走进智慧的殿堂。

1.请在笔记本上写下五件自己认为最为珍贵的东西。

（别急，不着急写，先认真仔细思考什么是最珍贵的东西——生命、金钱、名誉、地位、事业、健康、爱情、亲情、友情……一定想好了再写，要真实。）

2.请认真考虑后，放弃其中一个，并写明理由。

（既然它同样珍贵，为什么先放弃它呢？放弃这一个，对你而言意味着什么？）

3.请在剩下的四件中，再放弃两件。

（不管心里多么矛盾痛苦，甚至歉疚、负罪，也要做出选择，并细细体味此时自己的心情。）

4.请在最后的两件中再划去一件，只保留一件。

请思考：

你是以什么样的心情选择和放弃的？如果在你的生命里真的失去这些东西，将会使你的生活发生什么样的改变？

·············· 启示 ··············

感悟生命本质

其实这样的一种放弃和选择的过程，是一个逐步探求自身生命本质的过程。在这个过程中你所珍视的东西并不会真的消失，我们每个人都很富有，都拥有常人所拥有的诸如亲情、爱情、健康、事业、生命等被视为千金不换的财富。这个选择的过程只是让你心中明白，何为本何为末，不因心念的繁杂，执着于错误的观念，从而本末倒置。

你的信念系统就是你的力量

我们认识事物先有对这个事物的概念，然后通过是非标准来进行判断，从而获得一种带有倾向性的观点，当这样的观点在我们的思维上习惯化、一贯化，就形成了观念，将观念上升到理性的高度，并且深信不疑则成为了信念，成了我们对待一个人或某件事物的决心。当这种信念形成一个完整的思维体系就成了信念系统。

观念是受外界影响而产生的一种思想，和我们的生活息息相关，但是信念虽由观念而来，却是来自内心的一种坚信，它不会随着外界的变化而变化，它是心灵上的一种能量。

一件事情的发生，你如何反应，不是由你来决定，而是由你的信念系统决定。

比如，一个濒危的老父亲，在未见到儿子最后一面时，哪怕生命再微弱也要苦苦支撑，等到儿子到来的那一刻；一个生活在底层的年轻人，抱着咸鱼翻身的理想，再苦再累也在所不惜；一个身患绝症的人，认为自己"一定会好的"，最终成就了医学界的一个奇迹……一个人有什么样的信念就会有什么样的力量，一切的决定、思考、感受与行动，也都会受控于这种力量。

虽然信念系统对你影响至深，但是你的信念系统不是你的，也不是针对你而存在的，它只是存在。

当你还是孩童时，你的父母、学校和社会，已经将各种信念系统如食物一样一起喂你长大。比如，"从事这个无法谋生""去做这件事情不会快乐""你需要这样，而不能那样"……你已经无意识地被"喂"进各种思想观念，而这些思想观念成了你体验这个宇宙幻象的主要机制之一，渗入你的潜意识当中，加上你自我的现实体验和应验，在你的心中根深蒂固，你的言行举止无一不被其影响。

因此信念的获得可以归为四个途径。

[**信任之人的灌输**]

比如，从小来自父母老师的教导和话语。

〔自己的亲身体验〕

比如，曾被火烫伤而知道火很危险，会伤人。

〔观察他人的经验〕

比如，见到他人做了不好的事情而痛苦，从而知道某些事情是不可以做的。

〔自我的觉知总结〕

比如，遭受他人拒绝，苦思之下，终于明白自己的行为伤害了他。

信念系统是一种编制，是一个模式，是我们一连串或一整套的相似或相近的想法观念的聚合，它产生于我们对现实经历的体验，同时通过"潜意识"来影响行为，你会由衷地觉得一切完全自然、名正言顺，就好像是你的"第二天性"一样，在某一时刻突然爆发，你也许都没有发觉，完全不了解，以至于使你在现实的社会生活中具有一个"想当然"的表象。因此，你要觉知它的存在和能量，则需要一个契机，也就是说，只有当信念受到"冒犯"或"挑战"，且"我"在自觉反省的情况下，你才能意识到自己的信念。

比如，你是否想过你身处的房子会突然倒塌？是否想过你身边的人会突然打你一拳？是否想过这个房间的空气充满了致命的病毒？你是否想过身后有一个杀人犯正向你靠近……这些问题你可能都没有想过，可你无法否认这些都是有可能发生的。那你为什么没有想过？不担心？是因为你心中相信：这是不会发生的。

同时，没有任何的信念在所有的情况下都是绝对有效的。如果我们能够在不良经验之后反省自身，明白了问题所在，从而改变自己的信念，那我们以后便能有更好的人生；如果我们坚持没有效果的信念而只是不断地去埋怨他人、埋怨客观因素，我们便会使自己陷入困扰之中。因此，我们还需要懂得觉察、质疑和修正自己的信念系统。

觉知信念系统，是以心灵之光照见信念系统的瑕疵；质疑信念系统，是开始明白瑕疵的根源所在；修正信念系统，是开始小心翼翼地将瑕疵剥离。

不要急于消除自己潜意识的信念体系，而是去感知它们，探索它们，修正它们，这才是你生命中的重点，而其真正的目标是让你更了解自己是谁，将去往何方。

觉醒之旅·练习2

信念修正

现实生活中，我们也常常听到这样的一些话：

"我不要再被人看不起！"

"我没有办法！"

"这是不可能的！"

说这些话的人都正陷于困境中，这些话也是不好的信念系统。

如果我们做些调整，

将"我不要再被人看不起！"变成"我要出人头地"，

"我没有办法！"变成"我要试着换个角度看待这个问题"。

"这是不可能的！"变成"我必须去试一试"。

你会发觉左边的句子，就像困在一个圈中，文字的意思完全是静态的；而右边的句子，则有动态，是活的，是可以有所行动的。而这个便是信念的修正，用"正面"的词语来帮助我们去改变思想，从而不断地去修正自己的信念系统，拥有更积极进取的人生态度，帮我们更快地走出困境。

因此，请尝试用正面的话来代替那些我们常说的负面的话。

1．"他没有资格来教我！"

2．"这样做不会有用的！"

3．"今天很辛苦，没有时间去想明天的事！"

4．"保持这个状态已经很好，不要妄想着改变了！"

5．"我不应该那样冒险！"

6．"这样太过分了，我不应该这么贪心！"

7．"人在江湖，身不由己！"

8．"事情变成这样，我无能为力！"

9．"我天生就这样，怎么办！"

10．"你不能解释的便不应该做！"

11."我哪里会这么幸运！"

12."活得像马云？别做梦了吧！"

请思考：

以上这些话现实中你是否说过？当你说这些话的时候，你是以一种什么心态说的？是轻描淡写，还是郑重其事？

·········· **启示** ··········

觉知六种妨碍我们成长的信念

其实上面的训练有两个目的，一个是引导同修可以通过这些我们日常常说的话，进行自我"审视"，觉知自己的信念系统，另一个目的则是帮助同修认识六个妨碍我们成长的信念。其中，第1、2两句话对应的是使自己推脱学习机会而不能有所提升的信念；第3、4两句话对应的是使自己留在原地、停滞不前的信念；第5、6两句对应的是减少更多可能性，限制自身能力发挥的信念；第7、8两句对应的是把责任推脱给其他人、事、物，使自己无能为力的信念；第9、10两句对应的是把原因归结为一些不可控因素，而不能挑战或改变自己的信念；第11、12两句对应的是维持自己一个"没有资格"这样消极身份的信念。我们也唯有深刻地去觉知这些不好的信念，并做出改变，才能在生命中真正发挥出自己信念系统应有的能量。

从不知不觉到先知先觉

诗人臧克家说：有的人活着，他已经死了；有的人死了，他还活着。我想这生死之间最大的区别在于：这个人活得是否有觉知，是在混沌中随波逐流地虚耗生命，还是清清楚楚地、有"意识"地度过一生。

也许，通过家庭教育、学校教育、社会教育，很多人都吸收了一些观念、信念，但是如果不被觉知，这些观念和信念只是一种"知识障碍"，不过是一种我们自身的机械化的惯性反应，也就是我们其实是带着脑中被灌输的观念在活着，在我们的人际关系中，我们也是首先把既定的观念拿出来与人互动。

比如，我们有美丑、是非、善恶的观念，或者在某一个区域、某一个国家信奉一些信念系统，我们通过这些来和人相处，我们以为是在和他们相处，其实只是自己脑中既定的一些观念在和他们相处，在相处的过程中自己是沉睡的，我们并没有将自己与身边的事物进行连接。

同样，对待自己也是如此。我们和自己相处的时候，不过也是通过脑中那些被灌输的观念来对自己做出评价、诊断，而这些观念或信念当中，会有被否定的经验，被虐待的经验，被打压限制的经验，并不全然是对的，这样的连接也并不是一种直接的对话，不过是被观念包装过的间接的体验和感受。

因此，当你意识不到这一点的时候，你活得"不知不觉"。而当你看到了我上面所写，开始思考这个问题，并最终领悟了我所要表达的意思，则就是后知后觉。

后知后觉就是在别人已经了解和知道某种事物的同时，自己并没有发现，而后有所察觉。就好比我们要过河，过河是目的，搭桥是方法，但是搭着搭着，习惯了搭桥，盲目地搭桥，反而忘记了过河。在这个过程当中可能有经过的人提醒或一个其他的契机，你会突然停下来，看一看脚下的桥，才意识到其实自己已经可以过河了，才停下搭桥的动作。

比起不知不觉，后知后觉已经是一种幸福，至少我们还有看清自己生活本质和生命的一个契机，哪怕这样的机缘晚一点也好过没有这样的机缘。

当然，人生最满意的状态应该是先知先觉，在别人没有发现的时候你能够最先预知。比如，比他人更早进入四次元时代，比他人更早洞识宇宙意识，比他人更早地觉醒，这会极大地改善我们的生命品质，也是一种无穷的幸福。

然而，人和宇宙一样，一开始不过是一种混沌的状态，我们无法一下子就达到先知先觉的境界，想要获得这样的能力，则需要觉知的修炼。

觉知，包括"觉"与"知"。"觉"是一种依赖于眼、耳、鼻、舌、身、意（念虑）的六识感官的感（感触、碰触）的过程；"知"是一种对感官的觉做出的反应，是我们大脑对此做出的接收、反应的果报。比如，触电的"觉"是我们碰触到电，而我们的"知"就是麻木的反应。觉知具有四个特点。

〔及时性〕

每一次的觉知都是发生在当下的。

〔转换性〕

每一次的觉知都可以或快或慢地变成下一次的觉知，转化得越快觉知的能力就越强大。

[变异性]

每一次的觉知和上一次的觉知都是不同的。

[成对性]

人体的觉知都是成对出现的，比如，呼吸有吸有出，行走有进有退等。因此对觉知的培养是一切正法的根本着手点，它是辨清事物好坏的标准。

因此，不知不觉是一种"迷"，心智迷失在"表相"的观念或信念里而不自知，或心投入眼耳鼻舌身意的体验里，而后知后觉和先知先觉是觉知的果报：后知后觉是一种迟钝的果报，虽有所感悟，但可能已经错失补救的机缘，带给你的可能是追悔、遗憾等不好的情绪体验，但总好过于不知不觉；先知先觉则是一种敏锐的果报，是一种大智慧、大境界，可以让你怀有慈悲、喜悦之心对待自己和身边的人、事，拥有一个高品质的生命体验，也是觉知修炼所要达到的最高境界。

而对觉知最好的修炼则是"感知当下"，"知道自己正在做什么"，更好地发挥出我们自身的一种客观觉知力，有能觉知的"我"与所觉知的对象，这是每个生命与生俱来的天赋，也是众生皆有佛性的根本原因。

比如，做事的时候，慢一点，慢慢地去感知每一个细节及这些细节所带给你的感觉，这样会引发出内在的力量；打字的时候，分一点注意力在自己的身上，通过自己身体打字这个动作，逐渐感知周围的环境……这样熟练以后，你会体会到保持觉知比你正在做这件事情更加重要，因为觉知创造出来的做事"氛围"将决定你对这件事的最终感受，决定你的最终评判。

经过长久的有意识的训练之后，你觉知的状态会变成一种呼吸般的自然存在，你将无须再刻意而为之，同时也将带你渐入觉知本质——"空觉"，空中有灵觉，空灵而能显现世间万象，你可以与所觉知的对象完全融为一体，体味世间大道，获得先知先觉。

生活中，看到什么并不重要，重要的是你本有的能见一切的慧眼——觉知，它是心灵本有的光明和智慧。

觉醒之旅·练习3

空觉修行

觉知如同镜子映物，物来则映，物去不留。

同修可用觉知静坐法这种最为简单的方法来培养自己的觉知力。

1. 闭上眼睛。

2. 舒适靠坐。

3. 放空自我，外在的声音、身体的感觉、念头或画面等完全顺其自然，不做任何干涉。

4. 逐渐入静、入定。

请思考：

等你入静、入定时，你和身边人、事、物是怎样的一种状态？

启示

静坐中领悟空觉妙法

静坐是体味"空觉"的一种方式，静坐中不分昏沉、散乱、清明等状态，一切顺其自然，即使全程昏沉也是种自我调整，状态来了则会自动起观，想要领悟其妙处，贵在坚持。

结语：唤醒世界的慈悲

觉知是让自己不再迷失，它从六根的感知开始，从我们的观念和信念处进行修正，是觉醒的基础，能够给自己修得一个正确的心态和行事准则，同时也是在唤醒世界的慈悲力量，让自己与世界更好地相处。

因此，在以下五个常给我们带来困扰的场景当中，要通过觉知开始内观自己，做到"我知道"，从而心生慈悲。

第一，遭遇批评指责时，先问一问自己：我是否看到自己有什么过失？我的感受如何？我领悟到我在评判、指责什么了吗？

不管是自己还是别人，指责和批评都是急于引导他人去看到他人的不足，而且最好不要看到自己的过失；"我"在指责别人的时候，正是在指责自己。当你有这个意识后，不管是别人指责你，还是你指责别人，你都会意识到这种言行包含太多的愤念，非常不合适、不理智，需要我们用更大的慈悲与谦虚去包容理解。

第二，无法忍受别人的行为与缺点时，问一问自己：为什么会如此？我与他有何区别？

当你深刻地感知到别人的行为风格和缺点的时候，正是凸显你自己隐藏的问题所在，这个问题可能来自过去无知的我，也可能来自隐性的我。因此，当你无法忍受对方的缺点的时候，可能正是无法忍受隐性的自我。因此要感谢对方的呈现，让你见识、意识到另一个我。

第三，拥有计较心或攀比心时，好好地问一问自己：我在计较什么？我害怕失去什么？我能得到什么？

通过这样的一番审问，将爱计较、攀比的自我抽离。宇宙的一切都是平衡的，得与失之间永远相等，得到一些东西也必然失去一些东西，短暂的获得可能会是日后永远的失去，短暂的失去可能未来将重新拥有，何必计较？只要去除贪念，收获的往往更多。

第四，无法忍受别人的目光和看法时，问一问自己：我害怕的是什么？我在意的是什么？

你必须了解自己有哪些不足害怕被别人知道，审视自己存在哪些问题，最后你会明白，这一切都只源于自己无法看清自己，自己无法面对自己罢了。

第五，当你见不得别人好、忌妒别人时，问一问自己：我在忌妒什么？那些是我不能拥有的吗？我害怕拥有什么？

会嫉妒别人，很多时候是来自自己害怕拥有的一种心理在作怪。当你想明白你是值得拥有你所想要的一切的时候，便会消除这种心理障碍，让你的心念不再有任何杂质地专注于自己的所想所要，你也会发现自己不仅可以拥有一切，也可以创造一切。

佛家禅语：最好的功德莫过于慈悲心；最甜蜜的快乐莫过于心灵宁静；最清净的真理莫过于了解无常的真谛。

觉知真我，觉知一颗慈悲的心！

修行有道·静坐

静坐有形，静坐有法，其最简单之法莫过于"金字塔能①"。

静坐之时"五心朝天"（两手心、两脚心、头顶百会穴），形成一个典型金字塔状，采集天地能量，得天人合一状态。

然而，单纯的主观式冥想、思悟对于初修者很难进入状态，可以借助打坐金字塔模型加速进入冥想、思悟的状态，即在金字塔模型内更容易打坐入定，排除杂念。

---

① 埃及金字塔蕴藏着一套相互有内在联系的数字、尺寸、重量、角度、温度、方位，与地球上的子午线、地球与月亮及太阳的距离有着神奇的吻合，是非常神秘的存在，更具有多种功效，有着非常神奇的作用，这种神奇的作用我们称之为金字塔能。

第二章

觉　察

人的一生都在经历照见和遇见自己的过程，

其实人只能遇见自己，

遇见谁都是遇见内在无数不同面相的自己而已。

人来到地球上就是学习怎么与自己相处、相爱，

并接纳不同版本的自己的过程，

接纳自己的面相越多，

越能体验到宇宙的全息，

借由接纳拿回自己的全部力量，

一世便可抵数世的循环体验。

深深感恩自己吧，

感恩地球上无数个不同版本的自己，

可以如此多元地让自己如照镜子一样照见不同的自己。

感觉是生命的最大可能性和创造力

　　觉知只是知道，知道好坏标准，知道什么该做，什么不该做，而觉察就是通过一种观察，自我感觉上的判断来认清事实，从而引导自己的行为。

　　举个例子，你很愤怒，你想骂人，这时觉知告诉你不能这么做，因为这样是不对的，但是觉察则是先观察自己为什么愤怒。如果你觉察出这种愤怒的本质源于自己，骂人根本不能改变事实，也改变不了别人，你还会愤怒吗？当然不会了。

　　觉知是对内也是对外的一种认知，而觉察则是完全对内，也就是对自己的一种觉知加观察，它基于我们的感觉，是我们的感官系统接收到的各种各样的信息，我们通过观察自己接收信息后的感觉来进行自我的觉察。

因此，如果说在觉知层面，信念系统是我们的生命力量，那么在觉察层面，感觉就是我们生命最大的可能性和创造力。

对于每一个正常人来说，对事物是绝不会没有感觉的。我们对客观事物的认识是从感觉开始的，有了感觉，我们才可以分辨外界各种事物的属性、颜色、质地、重量、温度等，有了感觉我们才能了解自身的运动、姿势、情绪等，也正是基于此，我们才能进行复杂的认知过程。

感觉是客观刺激作用于感觉器官所产生的对事物个别属性的反映，不仅反映客观事物的个别属性，也反映着我们身体各部分的运动和状态。它通常包括三种现象。

〔感觉后象〕

当刺激对感官的作用停止以后，我们对刺激的感觉并不会马上停止，而是会继续维持一段很短的时间，这就叫感觉后象。电灯灭了，眼睛里还保留着亮灯泡的形象；声音停止后，耳朵里还有余音在萦绕。

〔感觉适应〕

当刺激持续地作用于人的感官时，人对刺激的感觉能力会发生变化，这种现象叫感觉适应。感觉适应在视觉和嗅觉中最为明显。比如，猛然进入一间黑屋子，开始什么都看不见，随着时间延长，却慢慢可以看清物体的轮廓了。

[感觉对比]

当同一感官受到不同刺激的作用时，其感觉会发生变化，这种现象叫作感觉对比。比如，一种颜色如果把它放在较暗的背景上看起来就会明亮些，放在较亮的背景上看起来就会暗些。

而这三种感觉现象是人对于世界一切感知的起源，往往也蕴含着生命最大的可能性和创造力。

我们对美的感觉，让我们创作出了许许多多的艺术品，让我们的眼睛和精神沉浸在美之中；我们对味的感觉，让我们烹饪出了无数的珍馐佳肴，让我们享受美味带来的喜悦；对便利、舒适的感觉，让我们创造了极丰富的物质文明，让我们的身躯拥有一份安逸和舒适……以上的种种也无不包含我们的感觉后象、感觉适应和感觉对比，也唯有细细深入其中，觉察感觉，才能让我们体会到这个世界的丰富多彩，才能洞察到生命及世界的本质。

印度谚语说：我们之所以不能升华人生、觉悟生命，因五官皆为外向而误导我们之故。

人的身体，是宇宙意识的载体。人生而有灵觉、灵性，活着也不只是为了混沌地活着，想要将这份宇宙意识觉醒，我们必须让自己的感觉先觉醒，感觉的觉醒，会为我们打开一扇全新的世界之窗，眼中的物、耳中的声、嘴里的味、鼻中的香……都可以展现出一番全新的景象，凝练出一缕纯净、宁静的精神游丝，丰富意识、滋养身心。

感觉体验

感觉是我们认识世界的基础，对感觉的察觉可以从练习感官来培养。

下面的两道题，你可以二选一。

1. 听音乐时，你是否能集中注意力去分辨其中各类乐器的音色不同，是否能察觉节奏的变化，以及这些不同带给自己身体、思维的不同感受？

如果没有，请找一首自己喜欢的音乐，试着去仔细感觉其中的乐器、律动、层次等。

2. 走在热闹的街上，你是否能集中注意力闭着眼睛去聆听身边所有的声音？

如果没有，请试着做一做，并仔细去辨别每一个声音。

请思考：

你听到了什么，这与你的经历、信念、需求、念想是否有关？是一种怎样的关联？

啟示

感觉体验，培养敏锐觉察力

其实以上的做法不过是一种非常常见的感官练习，这样的练习可以举一反三，比如，抚摸自己喜爱的物品，仔细品尝美味的食物……你可以想出一大堆，也可以随时随地进行，其道理与打坐参禅是一样的，放空自己，将意念集中于某一点，来仔细察觉你的感觉，从而得以静心体验身边的事物，获得一种安宁的精神力量。通过这样有意识地不断训练，你会形成一种"习惯"，一方面是可以获得一种前所未有的感官体验，另一方面可以让自己的感觉和思维变得更加灵敏，不断地培养自己敏锐的觉察力。

简单的心灵才具有感受力

物质世界的浮躁、快节奏的生活，日益蒙蔽着我们的"六根"，一种感觉出现时我们还未来得及察觉，便又要匆匆投入另一种感觉当中。"感觉复感觉"，给我们带来种种身体和心灵上的困扰，诸如麻木、焦虑、不安、疲惫……

想要"六根"清净，真切地去感受这个世界，除了觉察自己的感觉体验，还需要让心灵做到"简单"二字。

何为简单？

现实生活中，我们习惯于把"遵从"，即恪守戒律，当作一种使我们变得简单的方式。比如，恪守"善有善报恶有恶报"的人生信条，或参禅时恪守一些"清规戒律"。并不是说这样的恪守有什么不对，只是它可能不是出于我们的"本心"，而是通过戒律或强迫让自己变得简单，但是我们越是压制越是努力，简单就越少，因为此时的目的已经不再单纯了。同时，任何形式的遵从都有可能被固化、繁杂的观念所控制，必然也将会把我们引向迟钝。

真正的简单，是无须任何形式的压迫、恪守，而是在你觉察到自身焦虑、压抑的这个过程后，自然而然地从心里去净化、过滤一些不必要的人、事、物，回归到一种真实、淳朴的心灵状态，也只有我们内心完全自由时简单才会出现。

现实中，我们大多数的人总是被各种业障捆绑，比如，感情、财产、理念等。一旦如此，我们便会成为这些欲望、期盼、理念以及动机的囚徒。只有当我们理解了那些捆绑自己的业障，懂得了心灵为何会依附于某种信仰，从而摆脱各种束缚时，才能获得真正的自由，简单才会出现。

而心灵一旦简单，就会让我们越来越有感受力，一个具有感受力的心灵才能够迅捷地感受和觉察身边的事物，具体表现为四个作用。

[不再为过去或“我”所累]

当我们的心灵充斥着关于过去和未来的各种资讯，心灵会被其所累，而逐渐变得迟钝。简单则可以帮助我们一一打破这些迷障，得以潜入心灵扫去这尘世的"镜花水月"。

〔空性才能够承受环境的压力〕

简单是身心自由、放空，心无旁骛地完全着眼于当下，着眼于每时每刻，这样无论身处于何种环境，我们都能承受得住环境施加于我们身上的强大的压力。

〔心灵简单才能接纳神圣和真理〕

一个追求现实，或希望有所获得，或处于不安焦虑的心灵，无论是外在还是内在，它都不具有感受力，因为它有所求、所惧、所忧，内心繁杂自然无法洞察真理。而简单的心灵，无所碍、无所惧、无所求，足够地纯粹、纯净，才有能力去接纳神圣和真理。

〔简单才能更接近问题并将问题解决〕

当我们的心灵足够简单，不被过去所累，不去审视自己在各种环境下的压力，当思想与心灵因简单具备感受力时，遇到问题只会去看待问题本身，必然也不再以曾经的某种思想或者其他的模式来思考，而是会用不同的视角来审视它们，自然能够发现更多新鲜的方法来解决问题。

当我们做到心灵简单，放下过往的执着，承受环境的压

力，窥视真理的存在，看到问题的本质时，就会拥有一种对
万事万物的感受力，然后通过整个神经系统敏锐的觉察，再
经由心灵净化，从中体悟人生及生命的意义。

保持单纯

世上最难的事之一，就是单纯地去看一件事情。

1. 请同修写下自己要做的一件事情。

2. 写下自己做这件事情的最主要的动机是什么？

3. 为何你会这样想或这样做？

4. 做这件事情时，你最在乎的是什么？

请思考：

当你回答上面的这些问题时，出现了哪些干扰因素？比如，别人的建议、自己现实的压力等，这些干扰因素为什么会出现？它对你有什么影响？

······ 启示 ······

保持单纯，少即多

我们的心智已经太过复杂，早已丧失了单纯的特质。而我所说的单纯，不是让我们过着圣人般清贫的生活，也不是如孩童一般懵懂未开地思考，而是必须清醒地面对自己，另外，这也是一个最简单训练觉察力的方法，这种清醒就是你在想问题做事情的时候，问自己为何会这样想这样做，清楚自己最在乎什么，然后去除杂念，集中精力解决主要问题。

发心无碍，利他自利

　　世界上没有两片相同的叶子，每个人的所见所闻、所思所想也都是不一样的。但是在现实生活中，很多人却活得空洞、苍白，没有自己独特的心灵感受，生活中缺少"唯我性"，也就是我们的个体人格。

　　著名心理学家弗洛伊德就提出，个体人格是由本我、自我和超我组成，本我是无意识的，是人及动物性本能和欲望的体现；自我是个体有意识的部分，是对社会环境接触发展而来的；超我由本我分化而来，是个体对社会道德、规范、习俗的内化。

　　从不同的角度，我们能看到不同的自我纠结掺杂在一起，是复杂且难以理解的，它既有本我作用的结果，也是超我的一种基础，在现实中我们的言行举止也依赖于自我。因此，想要获得觉醒，必然需要先觉察自我，认识自我的内在动力和精神力量。而自我的觉察是立体的，不是平面的，它包含三个维度。

［觉察的宽度］

觉察是一盏灯，照到哪里，便感受到哪里。不论是吃饭、走路、睡觉，不论在何时何地，任何的人、事、物都能通过感觉与自己的内在联系在一起。因此学习觉察要包含身体、头脑、心灵三个维度，由浅入深地去觉察我们生命的潜能，看我们是不是将觉察扩散到了生活中的每一个领域。需要注意的是，觉察是有选择的，我们会选择觉察自己想要觉察的东西，容易忽略一些我们平常逃避的、不愿意看到的。因此，觉察的宽度更多的是强化我们对自己所逃避的、不愿看到的事物的觉察。当然这个过程会很痛苦，但是没有一朵美丽的花不是开在痛苦的深渊。

［觉察的深度］

现实生活中，我们很容易看到自己的行为，但是很多人也仅仅停留在行为的表面，不知道自己的行为模式，不知道内心的潜在动机，所以觉察要往深处去探索：当你觉察到自己的行为时，还需看看隐藏在自己行为下的是一种什么样的思维模式；在这个思维模式下是否还有感觉，比如伤害，而比感受更深的会有心灵体验，比如恐惧，比恐惧更深的有欲望，在其下面还有我们的信念系统和价值体系。觉察的深度是一环套一环的，从行为到思维模式、到感觉、到感受、到心灵体验再到价值体系的一个不断挖掘的过程。

[感觉的时间]

时间是觉察的第三个维度，也就是说当你与外界接触时，是否时刻保留了"一只眼睛"注视着自身生命体验。比如，当你看到一个令你不舒服的人或事，你是否有停下来想一想：我这个不舒服到底是什么感觉？他到底什么令我不舒服？这个不舒服的感觉对我有什么影响？我对这种感觉是不是一直很熟悉？如果我们在日常生活中对碰到的每一个外界的刺激都能保留这样的"一只眼睛"看待自己，而不是武断地去认定那个就是自己讨厌的人或事，而是意识到他不过是自己生命里某一个时刻的投射，可能与自己的某一段经历有关，也许就可以避免偏见。

尼采说："人生乃是一面镜子，我在镜子里认识自己，我要称之为头等大事，哪怕随后就离开人间。"

我认为这个"镜子"就是觉察，通过上面的三个维度进行自我认知和自我接受，从而带来两种改变：第一种是因为觉察回到了当下，比如，"感觉的时间"会让我们回到本来是什么，而不是应该是什么，不为未来担忧或过去懊悔，从而获得一种安定的力量。这和道家的"无为"有相似之处，禅修也是一样通过回到当下获得力量，尽管在道理上可能不好理解，但是体验会证实确实如此。第二种改变就是主动选择，比如，感觉的宽度和深度，会让我们觉察到自己是如何与周围的人和环境接触的，如何做出选择的，其他的可能是什么。有了这样的认识，我们不会再像过去那般，被自动化的反应所控制着，就能有新的选择和可能性。

自我觉察能力是人生中最重要的能力，它就像是一盏灯，照亮内心深处，也照见前方的路。当然，觉察是无法速成的，唯有多下功夫，才能觉察得更广、更深。

觉醒之旅·练习6

自我觉察

自我觉察的修行是一场身心体验的修行，观身、观心、内省，凡事用心去看，用心去觉察。

请同修们时刻进行以下的修行：

1. 觉察身体

你正在做什么？你的身体动作是如何的？

2. 觉察头脑

做这个动作的时候，你脑中想的是什么？

你可以根据脑中最新的想法去做一个动作吗？

3. 觉察心灵

当你这样去做以后，你内心的感受是如何的？

请思考：

以上每一个步骤的觉察带给你的体验有何不同？它们之间是一种什么关系？

启示

觉察三部曲——从身体到头脑再到心

当你能够意识到你身体的一举一动的时候，你就可以给自己营造一个安静的觉察环境了，接下来就能去感知你的头脑，感受它的活动、思绪、幻想、投射，这时你会诧异：我可以机械地去做动作，我也可以有意识地去做，当我能意识到的时候，这个动作就成了一种艺术，就有了从容与优美在其中。此时，你的头脑已经完全沉静下来，可以往更深处——心，进行了。当你来到你的心，感受到自己的心情、情绪的时候，你又会惊讶，所有好的都会成长，所有不好的开始消逝。当你在心这个地方的觉察达到完全时，你会收获最大的惊喜：你无须再走任何一步，你就在自己的本质里，不偏不倚就在自己的心中。通过这个练习，你会明白觉察是你与身俱来的能力和权利，它很简单自然，只要你跨出第一步就对了。

结语：一朵玫瑰引发的改变

有一个乞丐在行乞的时候，遇到一个美丽的小姑娘给了他一朵玫瑰。乞丐非常激动，把玫瑰带回了家。但是回到家后，他发现自己脏兮兮的瓶子配不上玫瑰，便洗干净瓶子，可是脏乱的家配不上这么漂亮的玫瑰和瓶子，他又开始收拾家……于是，从瓶子开始到家再到自己，他全都收拾了一遍，然后在静静欣赏玫瑰时猛然意识到：自己也很不错，为什么要当乞丐？从此发愤图强，成了一代富豪。

一朵馨香的玫瑰，让一个行乞之人有了自我的觉察，从此改变了他的人生。所以，觉察力是优秀者必备的一个能力，也是我们潜在的一种能力，它能够让我们保持清醒的头脑解决所有的问题。

而优秀的觉察力包含两点内容：单纯的自觉和谦卑的

察他。

单纯的自觉——保持单纯地认识自己。

人究竟能否看到真实的自己？答案是能！

第一，认识现在的自己。心理学上有一句话叫作"我是过去一切经验的总和"，但是要想保持觉察力，你要抛开这些过往的自己，你所要面对的一定是此时此刻的你，你必须正视现在，才能面对事实。就如故事中的乞丐，勇敢正视了邋遢糟糕的自己。

第二，认识社会中的自己，而不是理想中的自己。我们的生活完全是由关系构成的，自我只能活在与外在的人、事、物关系中，我们必须立足这些关系网，认清自己在具体的关系中的位置。

第三，认识自己的意念、行为。认识自己的意念、行为就是前文中的"自我觉察"修行。

大多数人都是漫不经心地走完一生，只照着本能和执念、成长的环境、教育讲的那一套，不假思索地反应着，所以才会习惯性地迷失自己。

谦卑的察他——保持谦卑地体察他人。

所谓体察他人，重要的一点是：体会，活在其中，全身心地体会他人的处境、感受、立场等，从而观察，客观、无私心地看待他人的言行。

比如，故事中的乞丐虽然认识玫瑰，但是从未觉察过什么是玫瑰，因为他没有真正触摸过它的花瓣、闻过它的花香。但是一旦他体会其中，感受到玫瑰的芬芳，便开始了觉察，通过觉察玫瑰的"需求"，从而感悟到自身的"需求"。

圣人有云："向内者，不失真主，明其大宰，干元性海，以为永恒。此为正道也，此为仁道也，此为大人之学也。向外寻求皈依者，往而不返，物之徒也；向内寻求皈依者，孺子可教，圣之徒也。"

真正的"皈依"应当是向内的一种修行，是每时每刻的自我觉察。

修行有道 · 花道

　　花有形、有色、有味，等待一场姹紫嫣红的花事是最大的觉察。

　　四季变幻，花开的喜悦，花谢的忧伤，让人感受生命的无常；看新芽吐露，看花朵娇嫩，人会变得温柔细腻；闻着花香，伴着梵音，去除尘世的烦恼，感受大自然的独特魅力，内心的觉性便能升起！

第三章

觉 悟

我们很平凡，不一定能使自己伟大，

但我们有慧根，一定可以使自己智慧。

在抵制诱惑中涤荡心灵，

在涵养省察中实现自我的"内在超越"，

不要把心装扮成这样，演绎成那样，

只需悟！

以觉悟的灿烂星光照亮前行之路，

不被利益的迷雾遮住双眼，

成就一个崇高的自我！

最后，我们会知道，

正知正觉是简单的，

适合每一个普通人，

每个人都可以透过自己而证悟到！

人生只有一条路

通过觉知和觉察，我们能够深切地感受到自己"活着"，对身边五彩斑斓的世界有着深刻的体会和感知。

可是，人非圣贤，面对功名利禄、金钱美色，尤其是那些看起来毫无"违和感"的诱惑，内心都难免会起波澜，关键时刻能否警醒起来，破心中之贼，都取决于觉悟这盏明灯的导引。

现世间有很多追名逐利之人，也许他们可以通过创业或是投资创造财富，可以通过物质的享受获得快乐，看似人生有着很多条可走之路。但是如果他们没有把做这些事情的本源想清楚，很容易本末倒置，他们一生都会追随诸如财富、物质这些表相的事物，并陷入迷茫。因为迷茫，就会迷失；因为迷失，就会造业；因为造业，就会集结很多苦因；因为苦因，必然有苦果。定然也逃不开"人生四苦"的束缚。

〔一苦：看不透〕

现实生活中，身居万象，也被万象所迷，看不透繁华中的平淡，看不透喧嚣中的宁静。

〔二苦：舍不得〕

舍不得曾经的荣耀、高位时的虚荣、得意时的掌声，迷恋身外之物而不自知。

〔三苦：输不起〕

输不起一段情感的失去，输不起一段人生的挫败，终日伤春悲秋，不得喜悦。

〔四苦：放不下〕

放不下过往的人与事、已蒙尘的是与非、早已流逝的情与爱，徒生纠结与烦恼。

仔细回想我们身边的人和事，归根结底莫不与以上"四苦"有着密不可分的关系，从这一点上我们也可以证得，所有事情都是一回事，若不开悟，都会内化为同一种情绪、情感，成为困扰我们的精神枷锁。

那么，如何开悟？领悟"无常之苦"，洞察世事本源。

佛说"人生即苦"，这里的"苦"是指"无常之苦"。因为财富并不是永久的，也许朝夕之间便会一无所有；健康并不是永久的，人生逃不出生老病死；年轻的容颜并不是永久的，终有芳华褪去之时……

所以，变乃不变之常理，一切皆无常，一切都在生生灭灭转眼即逝，不能永久拥有、永久保存。当你了悟至此，对自己所执着之事、之路便有了一个豁达的心态。

此时，我们若继续领悟，我们会意识到：我们不光是人而已，甚至也不光只是具有人类外形的存在而已，而是有一种核心的"本质"，一种内在的纯粹之爱，在我们的生活中无处不在。意识到这种内在的精神能源，我们的心智便不会再饥渴，不会再有数不清的问题。当能够感受到这种本质，我们活着也便只有一条路：溯流从源——我们在找寻内心的渴望、快乐、美好，也就是喜悦。

这时，我们会发现，所有的事情都是一回事，做生意人和做和尚没有区别，做菩萨和做凡人没有区别，修佛和修道没有区别……一切我们想要的，都是源于我们内心对喜悦的追求，这是我们念书、工作、做生意最终的目的，也是一种四次元的思维方式。

路的旁边还是路，我们的一生表面上有很多路，其实只有一条路，只是被分成了若干种路段及若干种走法，其作用、动机却是一样的。人只有明白了这一条路，感悟到了人生只有一条路，那么，无论这条路是坎坷还是平坦，是苦还是乐，我们都能走完，都能到达喜悦的终点，这才是我们想要的一切！

安住当下

"当灵魂失去庙宇，雨水就会滴在心上。"没有平时的涵养功夫，缺少关键时刻的觉悟，人生的航线就会走偏，信念的灯塔就会黯淡无光。因此，我们需要开始悟的第一步修行，也是悟的第一个境界——安住当下。

那么，怎么才能安住当下呢?

1. 保持专注

静坐，可以专注一个事物，或一个念头，始终不要改变。

2. 保持清明

当我们足够专注的时候，心往往就沉下来了。这时容易出现昏沉，需要我们的内心保持一种清净的光明，就是心里不是一片黑暗，而是有光亮的。

3. 保持连贯

专注和清明并不容易，同时它需要我们保持不间断，要如小溪流水一般在心中不间断地缓缓流淌，不断地滋养我们的身心。

请思考:

当你坐在这里时,是否有思想开小差的时候?对你来说安住当下最难的是什么?

身心保持一致,长久修习

身心一致,都安住在当下,这是非常重要的一点。而这个过程不是一蹴而就的,因为身安容易,心安难,专门来做这件事情最少也需要三个月的时间。如果只是心血来潮,偶尔修炼一次或隔三差五地修炼一次,就达不到安住当下的效果。因此需要我们时时刻刻记挂这件事,一有机会就去做这件事,不间断地去修行,经过两三年时间,大概就可以做到身心保持一致,安住当下了。

越感恩越富足，越接纳越喜悦

虽然我们领悟了人生只有一条路，但是想要走好，却非易事，因为总会遭遇种种不好的情绪或疑惑，而这些会在某一刻蒙蔽我们的双眼，使我们不得正法，不得喜悦之心。比如怨恨、恐惧和对抗。

怨恨，当我们心中充满了这种隐忍未发的怒意，便会对身边的人和事都"不怀好意"，面对身边的人和事只会去责怪、埋怨甚至报复；恐惧，因为害怕，对身边的人和事抱有敌意，做事往往冲动、武断；对抗，让我们不愿正视自己，拒绝改变，甚至心生叛逆，如一只刺猬般地活着。而这三种情绪则让我们的人生苛责多、计较多、抱怨多，生活与内心都不得安宁。

那么，如何克服我们人生路上那些不良的情绪呢？答案就是感恩和接纳！

也许我们从小就被教育要心存感恩。但是现实生活中，我们对自己的父母、老师及身边人的感恩，更多的是出于内心的道德要求，也是我们人际关系中的一种文化需求，可以让我们在各种关系中收获和谐与平衡。

但是在心灵层面，感恩则是一种人生哲学，一种快乐的心境，一种具有疗愈作用的生活境界，懂得感恩和接纳，可以让我们的生活和内心收获一份满足和喜悦。

今天，我们的财富越来越多，但是精神却越来越贫瘠；拥有的越来越多，但是喜悦越来越少；沟通的工具越来越多，但是人与人之间越来越冷漠……为什么会这样？原因也许很多，但其根源还在于我们的"心"，"心"不知感恩和满足，心灵的正能、正觉正在沉睡，诚如于丹所言：我们的眼睛看外界太多，看心灵太少。因此，我们需要"觉悟"这份能量。

"觉悟"，把两个字拆开看是"见吾心"。因此，当我们的感觉一方面向外无限宽广地去拓展世界时，也要向内无限深刻地去觉察内心，感悟感恩以下四种能量。

〔实际的力量〕

在现实生活中，感恩具备神奇的力量，犹如一块磁石，你拥有的越多，力量就越强大，越能聚集身边的美好，收获更多的美好体验，展现生命的能量。

〔爱的情绪〕

感恩的源泉是我们内心对生命和对生活的一份爱，当我们遇到严肃的生命问题时，它便会涌上心头。如果没有持续的感谢和赞美，我们的身心将变得空洞、晦暗、麻木，从而失去一份生命中本该有的灵动和活力。

〔奇迹的疗愈〕

无论什么时候，感恩都可以奇迹般地疗愈我们的各种负面情绪，它是解除我们的焦虑、沮丧、怨恨等负面情绪最快的方法，并可以将这种负面情绪在极短的时间内转化为正面的情绪，使我们的心灵获得一种极大的满足，它是一种与我们身上"神性"相连接的一种能量。

〔接纳的力量〕

心生感恩，便会明白一切都是最美好的安排，有则无，无则有，大苦大难之后会是大自在，可以让我们从容、优雅、淡定、无所畏惧地面对一切，接纳一切，因为我们心本自足。

感恩之人必是关注自我内心、关注自己灵魂居所的人。

有位作家说过一句很经典的话："每个人都像是一座两层楼，一楼有客厅、餐厅，二楼有卧室、书房。大多数人都在这两层楼间活动。"我觉得，这样的房子中应该还有一个地下室或者暗室，那里安放着我们的心灵，在繁忙的生活间隙，应该经常走进去看一看、悟一悟。请相信，这里一定是拥有宝藏的，即使现在看不到、感觉不到，只要我们愿意给自己的心灵一个机会，时间会证明给自己看的。

觉醒之旅·练习8

守一不移

守一不移是觉悟修行的第二阶段，就是指你所用的方法始终如一，一直到彻底突破为止，在道家修行上叫作"抱一"。

1. 守一

在进行安住当下的修行中，你专注的念头或事物是什么？

你所专注的是否与身边的事物孤立起来？

2. 不移

你所专注的念头或事物是否改变过？

请思考：

当你昼夜无间地专注一物或一个念头时，有没有那么一两分钟心中出现了一片空寂，也就是没有任何的杂念来干扰你内心的清净？

从守一不移到一念不生

当我们的守一不移修行到一定的程度时，有那么几分钟的时间，会达到一种"前念不起，后念不生"，即心中澄明的一种状态，这时便是一念不生的境界，心中就没有任何的杂念，只有自己一颗光明的心、历历孤明的心。如果这种状态可以保持的时间长一些，机缘巧合下，会到达"灵光独耀"的境界，能够感觉自己的整个身心光明朗照，感受天地精气，就有机会悟得人生大道。

内在的提升才是改变一切的开始

也许你觉得人生很圆满，事业有成、家庭幸福；也许你觉得人生很糟糕，负债累累，举步维艰。透过觉知和觉察，我们真实地感受到了自己现实的圆满或不圆满，但是不管如何，内心总会有另外一个声音响起来——"还有更多""不只如此"。

每个人的内心深处，都有这样一种深深的觉知，我们可以知道的不仅仅在于就我们所熟知的二次元、三次元世界，应该会有更高维度的觉知让我们觉察，此时，觉悟的过程就发生了。这个时候我们便会开始有意无意地去觉察一些事情，感悟一些我们从未感悟过的存在或真相。

其实，宇宙中的一切都是振动的能量，物理学家已经证明，世界上所有的固体包括人体都是旋转粒子构成，并拥有不同的振动频率。心理学家霍金斯则认为，我们人的每一种基于认知的心态也就是意识，也都会引发身体的强弱起伏的振动频率，他还发现了存在于我们这个世界的隐藏的人类意识图表——一个有关人类所有意识的能级水平的图表，并把人类意识映射到 1~1000 的频率标度值范围，即能量级别（以下我称为"能级"），一共划分为 17 个能量级。为了帮助大家更好地理解和领悟，我将其分为 8 个负能量意识和 9 个正能量意识。

8 个负能量意识层面。

[骄傲]

有些人会认为骄傲是积极的，事实上它是外界条件刺激带来的一种感受，一旦条件消失，就容易跌入更低的能量级。同时，骄傲还容易导致自我膨胀，导致傲慢和否认，这些都是抵制成长的，能级为 175。

[愤怒]

愤怒是危险的，会逐渐侵蚀我们的心灵，能级为 150。

[欲望]

欲望会让我们上瘾，变得贪婪，使人生充满贪欲，能级为 125。

〔恐惧〕

拥有恐惧心，世界在眼中便充满了危险、陷害和压迫，总觉得需要面对数不尽的不安人事，妨害我们个性的成长，甚至导致压抑，能级为100。

〔悲伤〕

让我们充满对过去事情的懊悔、自责和悲恸，能级为75。

〔冷淡〕

冷漠、麻木，对世界的看法悲观，尤其易感到失望和无助，觉得世界未来都是没有希望的，能级为50。

〔内疚〕

使人疲乏地活在自责之中，极易带来意外事故和自杀行为，会导致我们身心的疾病，能级为30。

〔羞愧〕

在羞愧的状态下，我们常常无法自然面对身边的人和事，总是恨不得找个地洞钻进去或希望自己能够隐身，是一种意识的自杀行为，会严重摧残我们身心的健康，能级为20。

而与这8个负能量意识层面相对应的是9个正能量意识。

〔勇气〕

拓展自我，坚韧不拔，是积极人生的根基，能让我们有能力把握机会，其能级为 200。很多人将 200 能级定位成一个分界点，因为具足这个能级众生的生命动力才显端倪。如果一个因为外在条件自己的能级下降到 200 以下，那么就会逐渐丧失能量，变得脆弱渺小，更会被身外世界的五欲六尘环境所牵绊不得解脱。

［淡定］

可以让我们获得从容、优雅的能力，面对世间的人事具备灵活性和安全感，其能级为 250。这个能级是我们随心所欲生活的开端，我们会因此获得生活的意义，感受到生活的价值。

［主动］

会让我们真诚友善地全然敞开自己，迅速地成长，能级为 300。

［宽容］

非凡的气度、宽广的胸怀，认识到自己才是生命的主宰，自己才是生活的创造者，面对俗事不纠结、不计较、不怨恨、不恐惧，生命会因此获得一个巨大的转变及一份善果报。其能级为 350。

［明智］

智慧开启，洞察规律，可以让我们成为科学、医学概念的制造者，能级为 400。到达此能级的人可谓凤毛麟角，他们已经超越了感情化的低级能量区域，战胜了俗事俗情对自身心境的干扰，直接进入了"理智"和"智能"阶段。

[爱]

此种爱，全部源于我们灵性力量层面的博爱，不受我们情绪的控制，不受污浊俗世的干扰，是一个获得真正幸福的能量级别，能级为500，世界上极少的人曾到达此能级。

[喜悦]

拥有巨大的忍耐性和慈悲心，面对困难的乐观心和智慧心，可以活在每一个极乐的当下，也是一种由物质到精神的飞跃，能级为540。达到此能级的人已经摆脱了"小我"进入"大我"之境界，会持久地关注人类与宇宙之间的和谐健康。

[平和]

内外分别消失，一种通灵和永恒的状态，能级为600。能到达此能级的人非常稀有，一旦到达，他的分别相就消失了，在他的六识和意识中任何事物都变得清明，万事万物的原理都被融会贯通，心灵和宇宙能量一起翩翩起舞。

[开悟]

人类意识净化的顶峰，已不再执着肉身中的"我"，感悟到肉身只是一个灵性的载体，一个由低级意识转化为高级意识的使用工具，身体的首要价值是连接生命宇宙和自然宇宙，达到天人合一，进入无我之境界，能级为 700～1000。

这 9 个意识层面的觉悟是一种循序渐进的关系，一种不断"深悟"的过程。随着觉悟的层次越高，所获得的人生能量就越大。

但是不管是消极的还是积极的意识，都能对我们产生影响，对我们个人来讲，最重要的能力是领悟到自己目前处于何种能级，并找到一个向更高能级发展的方式和方法。

比如此时你的人生是处于完全没有方向、很低落的情况，那么谈平和、喜悦就没有什么可行性，欲望、勇气和主动就是你要修行的最主要的能力；如果你已经到了颇高的境界，比如，成了大企业家、成功人士，这时便可放下执念，回归本源，修行爱、平和、喜悦乃至开悟就是最重要的。

不管怎么说，能知道自己在哪里，不断地去进行内在的提升，这便是一切改变的开始。

觉察能级

每一个能级的修行其实都有一个悟的过程，悟了以后，再观自身，便会把该断掉的习气、习惯逐步断掉，使自身的行为与自己的所悟保持一致，准备进入下一个更高能级的修行。

1. 观己、观心，静心冥想，自己处于哪一种能级？

2. 这种能级对你自己及身边的人产生了哪些影响？

3. 你曾做过哪些改变，其结果如何？

4.如果让你放弃这一切，你将如何？

请思考：

自己在回答以上每一个问题时，特别是最后一个问题时，内在的感受是如何的？

启 示

四个"顿悟"塑造了我们的生活和命运

其实，以上四个问题是被很多人肯定的四个顿悟：顿悟自己身处"监牢"，被一些负面情绪所监控，也唯有知道监牢，才会有意识地想要逃离监牢；顿悟"毒药"只要一点点就足以危害人——负面情绪的毁灭性，只有顿悟危害才有改变的动力；顿悟单单只有知识是不够的，必须有深入的了解和实际的应用为补充，也就是正向思维只有在正向情绪的刺激下才能产生力量改变你的生活；想要拥有顿悟必须懂得放下，在放下的那一刻你的身心会获得一种解脱之感，从而能够以"置身事外"的角度来观察、体悟，往往也就获得了解决之道。通过这四个顿悟，我们的整个系统会进行全部改变、调整，从而进入下一个更高的能级。

结语：感恩天地人

如何觉悟？

觉悟之后是一种什么体验？

这是每一个修行人士都渴望了解的问题。

据说，地球上达到开悟能级的人不到百万分之一，为什么如此稀有？

其实，开悟不是因为太难，而是因为太简单，就好像鱼儿生活在水中从而忽略了水的存在，我们时刻处在"可悟"的状态而不自知。

从古至今，能证悟的高僧大德有很多，而他们开悟的方法更是千奇百样，有看到自然更迭现象而开悟的，有因日常生活机缘而开悟的，有因现实某一具体事物而开悟的……但凡种种，归根结底所悟无非人生的三个境界：悟净、悟能、悟空。

一是悟净。悟净就是知道远离污浊，寻找心灵净土，不被万象所迷惑，可以让我们看清方向，明白自己从哪里来，此刻在哪里，要往何处去。

二是悟能。指通过修行，开始拥有一定的能量、能力。修行的过程中我们要耐得住寂寞，扛得住诱惑，时刻持戒、守戒方能长智慧、提能力。

三是悟空。佛家讲空、道家讲无，无疑是境界最高的。若能悟得空的境界，即是放下执着，返璞归真。达此境界，洞悉一切事理，做任何事情不被自己的情绪、性格、环境、他人看法等所左右，建立无我，如入无人之境，是一种大自在、大智慧。

总之，当你通过安住当下和守一不移的修行，并确实感知自己的能级后，悟的修行便无须再依附各种情境，时时修，刻刻悟，自然而然地多思所想。无论生命中有什么样的变化，宇宙会以其时间和方式回应你的，并将正能量的东西带给你，让你感受宇宙的奥义、生命的喜悦，心怀慈悲心、感恩心，感恩天地人。

修行有道·茶道

　　中华茶道"性命双修"：修性即修心，于茶事怡情悦性、陶冶情操、修心悟道；修命即修身，于饮茶祛病健体、延年益寿。

　　环境亦好，礼法亦好，茶艺亦好，都只为着一个目的——在茶事活动中融入哲理、伦理、道德，通过品茗，感悟人生。

第四章

觉　醒

放下执念，当下开悟

——开悟即觉醒！

觉醒，心性明净，

是一个颠覆性的改变，

全新的干净的面貌，清新如雨后空气，

看淡名利、看淡生死、看淡人生中的一切，

"随缘消旧业，更不造新殃"，

目触花开花落，

静观流水无情，

了悟缘生缘灭之宇宙及人生根本法则，

得大自在、大智慧！

找到活着的意义是觉醒的起点

世事繁杂，很多人的一生被功利、欲望缠绕，拥有众多的追求和迷惑：追求财富、名利、学问……它们到底在哪里？怎么才能求有所得？太多人只管追求，而忘"本源"，常常为此劳碌一生而终不得。

世间一切事物都有一个来源，动物来源于其父母辈的孕育，植物来源于种子，矿石来源于千百万年前的树木沉积……任何事物都有源头，不会偶然出现，也不会凭空降临。

那么，一切我们想要的，无穷无尽的追求，它的来源又是哪里？

其实，这一切的来源就在于我们的人生目的，就在于我们活着的意义。

可惜很多人即使学识上达到了很高的水平，成为了学者、教授，也没能明白这个道理，没有思考清楚人生的目的、活着的意义，深陷迷茫和贪欲之中，使"苦"成为生活常态，"乐"却是偶然，不得宁静，徒生无妄之烦恼，严重损耗着自己的身心。

据研究资料表明，当今世界第一大死因不是癌症、心血管疾病及医疗事故等，而是烦恼。其实，万病如果追根究源皆为烦恼所致，因为烦恼而使自己长期陷于糟糕的情绪当中，当负能量积累到一定程度，身体自然也受其影响，甚至会致人产生轻生的念头。因为不明白活着干什么，找不到人生的意义，找不到人生的归宿，不得喜乐，觉得生是苦，便不留恋。

那么，我们活着的意义何在？想要弄清楚这个问题，需要了解我们人生的三个基本层次，也就是三个阶段，亦是一个过程——生存、生活、生命。

〔生存〕

生存是生命中的第一个层次，也是最为基础的层次，是让我们的生命得以延续，解决吃、住、穿这些基本需求的一个过程。人的生存诉求很简单，只要自己的生命体存在，就说明他活在这个世界上。

〔生活〕

生活与生存不同，是在解决了我们的生存问题之后，所追求的另一种"存在"模式，已经上升到了另一个更高的需求层面，我们会开始关注生活质量问题。生活质量有高有低，生活的形式也就存在千差万别。比如纸醉金迷是一种生活形式，恬淡朴素也是一种生活形式。而选择什么样的生活形式，由每个人的个性和喜好决定。

[生命]

这里对生命的解读，已经不是单纯地指对人生命体征与生命迹象的了解，而是对精神层面、思想深处的解读。当我们无须为生存而担忧，不为生活患得患失，生活的形式便会丰富起来，这时我们就会不由自主地去追求精神层面的东西，这样的追求是理性的、高尚的、充满智慧的。

生存的意义在于能让物理层面的生命得以延续；

生活的意义在于能让生命的过程变得精彩；

生命的意义在于能让有形的生命个体化作无形的生命而真实存在。

生存、生活、生命就是我们一切追求的源头，且三者之间有一个循序渐进的过程。生存会让我们的人生苦苦挣扎而无暇他顾；生活会令我们眼乱心迷，失去自我；只有对生命的追求，会让我们脱下浮华，摆正位置，用空灵和沉静，展现自己的能量和智慧，同时明了自己人生意义所在——获得精彩的生活和生命里的自我超越。是的，人生的意义只有超越，没有目的，也不要建立目的，有目的就意味着终点，而终点就是死胡同。人生只能是超越，自身思维的不断超越。

人生一世，不明白从何而来，死向何去，将有限的生命耗费于追逐财色、名利、食睡上，是可悲的，当你领悟到这一点时，你的人生便觉醒了，生命便可以由此进入一个光明期。

通过前面章节的一些修行，我们都有一种体验，当我们闭上眼睛时，会陷入一片黑暗之中，而通过凝神静思，心中才会出现一丝光明。

其实，只要是未觉醒，我们的生活就是一片黑暗，让我们辨不得方向，而黑暗是一切痛苦的根源。在黑暗中，拥有再多的财富、再高的地位名利、再多的学识，结果都是一样的，什么都看不见，我们的双眼和心灵是被蒙蔽的。但是觉醒了，我们的心灵就会投进一束光，这束光帮助我们看清人生旅途的真相，明白活着的意义，当我们感受到了这点，我们所追求的东西就会逐一地显现出来，不再有虚妄和欲念。

勘破本源

当你摆脱生存，突破生活，开始感悟生命时，便能发觉活着的意义，便开始了觉醒。

请你认真回答下面几个问题。

1. 目前你最想做的一件事情是什么？

2. 你做这件事情的动机是什么？

3. 试想这件事情成功以后，你将如何？此时你是否对自己的动机产生了怀疑或疑惑？

4. 如果有怀疑或疑惑，你觉得问题在哪里？

请思考：

如果你觉得自己已经领悟到了去做一件事情的意义所在，甚至领悟到了生命的真谛，那么你的生活中还会存在酸甜苦辣吗?

启示

从心随境变到境随心变

也许成功做成了一件事情会让我们快乐，但是快乐不过是对外在境况的一种情绪，我们需要进一步觉知观照这样的情绪，进入深一层的了悟，了解自己的每一个动机的本源是什么，不仅仅是为了快乐，而是内心深处的宁静、平和与喜悦，而且这种美好发自于我们的内心，是稳定的，不随外部的改变而变动的。

当然，即便开悟，我们的生活还是会有酸甜苦辣，我们生活中遇到的各种不好的事情，随着我们心态的改变，会把觉知、觉悟带到正在经历的事情和正在产生的情绪当中，知道了这些事情和情绪的根源和本质，于是会用更智慧、更平和的方式解决问题，这样生活中的不如意就变成了如意，也从"心随境变"变成了"境随心变"，心不再被外界所左右。不过，这是一个个不断与"小我""假我"斗争的过程。有些事情看似放下了，但是过段时间还是会换一种形式回来，只有我们有了更强的意识和觉悟，当它们回来的时候，才能被认出来，经过这样一个又一个回合的"对话"，我们的意识便能得以提高，最终也就能完全觉醒了。

所有体验都是用来觉醒真我

在我们的日常生活中，充满了多种多样的人，有的人喜欢这个，有的人喜欢那个；有的人性格开朗、爱说爱笑，有的人内向沉默、一隅独处；有的人走南闯北、见多识广，有的人清静无为、一生安静……爱好不同，生活方式不同，得失不同，人生结果便也不同。每个人也都是独一无二的个体，都有着自己的风格和特点。而我们对身边人事的经历和感知，也是在逐渐认识"我"并收获"我"的一个过程。

也许从今天的科技水平来看，很多东西是可以复制的，但是唯有"我"是不能复制的，因为"我"不仅仅包含身体，还有语言、动作、想法、思维和心灵，同时想法、思维又是多变的，便有了"知人知面不知心""人心难测""人性多变"之说，而这些说法也揭示了"我"的迷惑性，不仅会迷惑他人，也会迷惑自己，让自己很难认清真正的"我"。故在心理学上将"我"分为"本我""自我"和"超我"，但我觉得，从体验和境界角度将"我"分为"小我""假我"和"真我"则更为合理。

〔小我〕

小我是心智制造的自我，由思想和情绪组成。在大多数时候很多人说"我"的时候其实就是"小我"在说话，因为此时你所认知的"我"是被你的教养、文化、家庭背景等因素所制约的"我"，你的心智模式是包含了一些重复和持续的思想、情绪和反应的内容及本能的一种运作方式，还有一堆你认同为"我和我的故事"的回忆，以及你不自知而习惯性扮演的角色和集体认同，像国籍、宗教、种族、政治立场等。当你以"小我"而活时，你的身份基础是不可靠的，因为情绪的本质就是短暂的、稍纵即逝的，同时你还会陷入怨恨、埋怨、责怪这种不良的情绪或状态当中。

〔假我〕

假我，就是你所认为的"我"，他不是坏也不是自私，是你在内化的时候又创造的一个"我"。无论这个"我"有多么的高大、美好，都不是你自己，你的潜意识里会知道他不是你自己，是虚空的。我们内心的挣扎和内耗也存在于这种对假我的创造和否定之中。

[**真我**]

真我就是真正的"我"，是一个人本来具有的状态，没有被人文、世俗所污染的状态。真我所带来的实在感是外界一切业力都无法比拟的，他所追求的是平和、喜悦、大自在。

对于小我、假我和真我之间，我们可以用一辆马车来做比喻：小我是马，假我是车夫，真我是乘客，马是驱动力，车夫给马指方向，也就是假我想要驾驭小我，但是小我可能不听话，二者就会僵持不下，产生种种矛盾，而乘客因为坐在车内，往往不被我们看见，但是马车最终驶向何处的决定权却在他那里。

所以，你的人生终将走向何处，在于真我。同时，真我具有隐秘性，很难被我们发现。

那么，如何突破"小我""假我"来认识"真我"呢？

我们每个人的生命之源是爱、喜悦、平和，这是我们的真我。但在身体、情绪、思想和身份认同的层层包围之下，我们离真我越来越远。要想回归本源，就需要觉察我们的生活体验，感悟这些体验所带来的身份认同、情绪和思想。

〔身份认同〕

我们每个人都在社会、职场、家庭中扮演着各种不同的角色，并逐渐习惯于这样的角色，一不小心，就会陷入身份认同的陷阱中，创造"假我"。破除身份认同的第一步是觉知，当我们对所认同的东西了解越多，越透彻，就越容易摆脱身份认同的束缚。

〔情绪〕

每一次体验都会给我们带来情绪，如喜、怒、哀、乐。其实，情绪本身没有错，它只是一种能量，但是当我们被负面的情绪所困扰时，逃避、压抑就会将负能量聚积在我们身体中，蚕食我们的身心，我们就容易被小我所左右，无法察觉真我。针对负面情绪，我们要做的是：看见它、接纳它和放下它，从而获得身心的放松。

〔思想〕

生活阅历的丰富，会让我们逐步产生思想，并逐渐固定为一种思维模式。但是很多时候，让我们心理上感受痛苦的不是事情本身，而是我们对这件事情的看法和围绕这件事情所编造的"故事"。所以，一定要明白，所有的事情都是中性的，好与坏只是我们自己的选择，痛苦来自你对事情的解释，你所要做的就是发现真我。

　　不论我们把世俗生活描述得多么美好与崇高，无非"食色，性也"，这样的生存没有什么意义；不论我们的阅历如何丰富，都是在于人与我、物与我、事与我的互动，当你逐一去仔细体会所产生的身份认同、情绪、思想，并看透它们本质的时候，便能逐步告别小我、假我，觉醒真我，而获得生命品质的升华。

觉醒之旅·练习11

觉醒真我

生活中问题的答案、事件的真实、世界的运转方式……最终还需要你在自己的内心深处，即真我处寻求答案，而不是在其他地方。

1. 你是否经常后悔过去、担心未来，对眼前事物反而没有那么关注？

2. 由此，你对自己的评价是什么？别人对你的评价是什么？与你对自己的有何不同？

3. 你更倾向于自己的评价还是别人的评价？

4. 为什么？

请思考：

当别人的评价与自己的评价有出入时，你是怎样的一种感觉？

如果你感觉对自我的了解还不够客观，不够成熟，你会如何寻找真我？

启 示

感悟经历，灵性修行

寻找真我有两种途径：一是带着觉知去感悟人生中正在经历和将要经历的事情。如我，便是一直在探寻生命的意义，在遇到各种人和事的时候，通过思考、感悟，最终明白了自己究竟是谁。二是灵修，去感知万事万物的意识本身，借助灵修移除障碍，从生命的深处去看清自己，了解真理。当然，心灵的修行也是不能脱离生活的，对于我们来说，物质的追求是一种必需，但是有了修行的信念，你会淡化物质的追求，更懂得关注内在，也就不会在外在无意义之处花费更多的心力，人生更能获得一份圆满。

每个人都有一个觉醒期

人生不易，我们活在世上，经常需要做选择和决定，也会遭遇疑惑、挫折、悲观，这些皆需要力量的支持，在一切力量中，最不可缺少的就是我们自身内在的力量——觉醒。觉醒是每一个人都可以开发、拥有的力量，也是我们最根本最重要的内在力量，会最终决定我们人生的质量和意识所能达到的境界。

那么，觉醒是什么？形象地说，有无觉醒就是睡着还是醒来。

没有觉醒的人生活在睡梦中，他控制不了人生，只能浑浑噩噩地随波逐流。还有一种情况，就是半梦半醒之中，这个时候人是迷茫的，不知道身在何处，活着有何意义。但一旦醒来，就能洞察这个"梦"的本质，明白"梦"

终究是梦，一切的主宰依然在于自己，明白了活着的意义，获得人生的解脱。

知道了什么是觉醒，那么，我们该让什么觉醒呢？答案就是生命、自我和灵魂。

〔生命的觉醒〕

人活在世，首先是一个生命，拥有生命才能体会种种人生经历。生命原本就是单纯的，除去生存所需，财富、地位、权力、名声等都是后来逐渐添加进我们生命里的"身外物"。身负这些"身外物"，不可避免也无可非议，但是要警惕，不能把它们看得比生命更重要，为之耗费太多精力。生命的觉醒就是前文所说的找到活着的意义，透过种种的物质表象，发现生命中的自然和纯粹。这需要我们保持对生命的敏感度，同时注意满足生命的需求，包括健康、安全、爱情、亲情，乃至与自然宇宙的和谐相处等。这些需求是平凡而永恒的，可以让我们的人生充满甘美的享受，为我们带来纯粹的快乐。当然，你可以去追求其他的更加复杂的快乐，但是一旦这样的快乐妨碍了生命中的纯粹喜悦、平和，那么就要质疑它的价值了。

〔自我的觉醒〕

人不但是一个生命，而且是一个独特的生命个体，一个自我。这个自我是独一无二的，因为只有一个你，一次生命体验，这是不可重复、不可复制的。因此，自我的觉醒就是前文所说的觉醒真我，摆脱环境、舆论、习俗、职业等因素的制约，做自己人生的主人。而其评判的标准则是人生中是否有真信念，事业上是否有真兴趣，当做到此二者便可证明你有一个真我。

[灵魂的觉醒]

与万物不同，人除了是物理意义上的一种生命现象，还是一种精神、意识的具象存在，具备灵魂，灵魂在基督教中指精神性的自我。哲学（包括佛教）不讲灵魂，而讲智慧，其实"智"和"慧"分别对应"魂"和"灵"。和别的生命不同，人有认识能力，就是"智"，因此能够分辨"我"，并与周围其他事物（包括他人）区分，佛教称之为"离分别相"，道教称为"万物与我为一"。这种与宇宙生命本源合一的境界就是"慧"。当"智"上升为"慧"，人才具备"智慧"。灵魂和智慧是在用不同的方式说同一件事，二者殊途同归，就是让我们摆脱肉身的限制，使身上的精神性自我觉醒。因此灵魂的觉醒有两个途径：一是信仰，与宇宙连接；二是智慧，让信仰产生，这会让我们更加注重内在精神生活，从而修得一个大智慧。人生在世，必须有一个超越的立足点，这个立足点就来自信仰和智慧。

人觉醒以后，就好像有了分身术，身体在社会上活动，有时候受气，有时候高兴，但是有一个更高层次的自我在看着我们，并时时提点、督查我们，使我们与外在遭遇保持一个距离，从而避开生活中芜杂的陷阱，不至于沉湎肉身生活，境界低俗，而是能够更好地实现和安顿自我。

觉醒之旅·练习12

睡修观想

生命的觉醒、自我的觉醒和灵魂的觉醒，是一个循序渐进的过程，也是相互独立的过程，而且觉醒可以随时随地地修行，甚至可以在睡眠中修行。人生有三分之一的时光是在睡眠中度过的，如果能够掌握睡眠修行，我们便可以利用睡眠的八小时，把它转化为修持及串习的机会，极大地提高我们的觉醒能力。

那如何进行睡眠修行呢？这里我将给同修介绍禅宗的一些睡眠修行法——四念想和吉祥卧。

1.四念想——正念想、正知想、光明想、早起想

（1）正念想。

正念想就是具足正念而睡，在开始睡觉到睡前的那一段时间，始终让自己的思想处于意念善法当中，也就是将自己的意识集中在某一个"真善美"的念头和念想当中。若睡前一念为善，则在整夜的睡眠心念中我们便会停留在善念上，持续地串习就能变成一股很强大的力量，甚至比日常白天时的觉知、觉察修行更为强大。

（2）正知想。

正知想，就是保持觉知去感受自己睡前的正念想，始终控制着自己的心念，尽量不产生一丝烦恼，让自己分心。

（3）光明想。

禅修中人的光明想是临睡之前，观想佛菩萨，发光照亮自己的周围，在这样的境界中入睡，其实是在心中给自己营造出一种温柔、舒适、光明的环境，我们也可以想象为自己正处于一片温暖柔和的光照之中。

（4）早起想。

早起想，就是睡前告诉自己"明天要早一点起来"，而不是想着"周末了，可以多睡一会"。早起想的心力作用是不可估量的，它一定可以帮助我们早起。

具足这四种想而入眠，对一个修行人来讲很有必要。

2. 吉祥卧

右侧下卧，以足压足，右手垫在右脸颊下，左手放在左腿上。这个睡姿，是佛陀入灭时的姿势。它本身与体内气脉有密切关联，所以对修行很有益。

做此修行时，乍醒来之时，我们会发现自己的身姿已经变动，睡前观想已忘记，这是十分正常的。其实初时我们只要要求以吉祥卧之姿入睡便可，在睡中乍醒，再度调整便可。同样，我们也不能在整个睡眠当中保持观想，但不断地练习，慢慢就能做得越来越好，一定不能心急，要有恒心地去修，慢慢便会有进步。

请思考：

除了四念想，是否还有其他的辅助方式让自己进入一个平和、喜悦的睡眠状态？

························· 启 示 ·························

疗愈音乐

据科学研究发现，人的大脑有四种脑波。

1.α脑波，是当人们放松身心、沉思时的脑波。它以每秒钟8～12周波的频率运行着。当人们在做"白日梦"或遐思时，脑波就会呈现这种模式。这种模式下的人应该是处于放松式的清醒状态中。

2.β脑波，是一种有意识的脑波。它以每秒钟13～25周波的频率运行着。当人们处于清醒、专心、保持警觉的状态，或者在思考、分析、说话和积极行动时，头脑就会发出这种脑波。

3.θ脑波，是人们沉于幻想或刚入眠时发出的脑波。它以每秒钟4～7周波的频率运行着。这正好属于"半梦半醒"的蒙眬时段，在这种状态下，人的心灵正在处理白天接收的资讯，而许多的灵感可能就在这个时候涌现。

4.δ脑波，是人们沉睡无梦时发出的脑波。它以每秒钟0.5～3周波的频率运行。

我是一个歌者，在研究了对我们非常有益的α、β脑波后，创作了疗愈音乐，不仅融入大自然的能量，而且用一些非常有启示意味的歌词，以唱诵的形式娓娓道来。目前，一共创作了12首，在这本书中，我也会相应地分享给大家。当你安静聆听或默默跟着唱诵时，内心便会获得一份清明，在睡前听的话，亦是非常有助于我们的睡眠修行的。

结语：顿悟生死间

顿悟生死是最高级的觉醒。

人活于世，虽有长短，但都是弹指一瞬。那么人从何而来？死了又归何处？古今中外，很多仁杰之士也曾费尽心力却仍然得不到一个真正的答案，不同的宗教也各有说法。而人会有此困惑皆因未开悟、未觉醒。一旦觉醒，便能领悟这天地间"身可灭，识永生"的道理，当我们达到四次元之境界时，自然也就无畏生死了。

当然要勘破生死，需要我们时时学习修行，才能慢慢地放下生的执着和执念，无惧生死。

一是布施。布施是为断掉吝啬心、执着心。很多时候我们因为吝啬得失，不肯舍，肯舍便可得豁达心境。

二是持戒。持戒是指戒心不动，不让妄念丛生，从而不为生死所扰。

三是忍辱。忍辱不是说强硬地压制自己的委屈和怒火，而是要观空，明白一切不可得，连"我"也没有，既无我，何来辱？

四是精进。修行要精进，勤除自己的妄习、妄念，从而见本性，得清明。

五是禅定。因精进而得禅定，对一切境界不迷惑，不动摇。

六是通慧。由禅定而开大智慧，明白一切事物的前因后果，明白众生生死之由，能够对境变不举心动念，就无生死。

以上六点即觉醒的整套的修行方式（其中某些点的修行方法在以上章节中已做了具体的阐述），亦是我们人生境界循序渐进的一个突破过程，可为我们带来两种成就：一是认识生死一体，死即生，生即死，没有什么两样，这便是觉醒了；二是生死不是起点和终点，因未悟道，我们还有地方可去，当我们真正悟道了，则毋庸去往何方。

修行有道·乐道

和乐令人和谐，哀乐令人伤心，军乐令人振奋，圣乐令人心净……音乐本身就是能量，可让我们沉醉，引起共鸣。

在好音乐中修行，则能让心灵挣脱压力与束缚，唯美、清新像落入荷叶的一滴新露，婉转、优雅，又不失活泼、灵动，心灵将回归到平和、安静和喜悦。

崛起生命能量

知道、悟道、做道、修道、得道

"五道"
知道、悟道、做道、修道、得道

当我们开始了觉醒，便会进入悟道的层次。

那么，何为道？道，自然也，自然即道；"自然"者，"自"——自己，"然"——这样，那样。

天地无人列而自分，日月无人燃而自明，草木无人种而自生，百兽无人造而自长，水无人推而自流，不呼吸而自呼吸……世间万物不可尽言，皆自身如此，不约而同，统一遵循某种"规律"，无一例外。而此"规律"则曰"道"，其包含5个属性。

一是客观，真实存在世间万物中。

二是永恒，为变化之本，亘古不变。

三是万物起始，"道生一，一生二，二生三，三生万物"，无所不包，其大无外，其小无内，万物皆由道来。

四是独一且没有属性，天地自然之理，无体、无着、无有、无住、无相、无为。

五是可得不可知，无形无象，无始无终，不生不灭，可悟可得而不可知，故曰，"道可道，非常道"。

依照"道"的这五个特殊属性，我将道的领悟层次分为：知道、悟道、做道、修道、得道。

第五章

知　道

生命真正的意义不是物质世界的存在，
而是心灵的感觉，意识的觉醒。

身体和头脑的欲望、快乐、限制，并不是真实的，
只是一种体验，为了生命的升华和觉醒。
唯有我们的"心"才是真的，
才能和宇宙连接，和宇宙的大道沟通，
这是真正地在享受和创造生命中
我们原本就有的幸福、喜悦、财富、能量……

感受生命最大的可能性及创造力，用心感悟宇宙生命真相，
走进这个"心"时代！

了解宇宙人生真相

我相信每一个人都曾问过自己如下问题：为什么会有这个世界？为什么会有人？为什么同样生活在地球上的生命形体受用各自不同？同样是人为什么前途、机遇会千差万别？无边的宇宙到底还隐藏着多少解不开的奥义……

为了寻找这些真相，人类发明了望远镜，希望能够看得更远更清楚；发明了显微镜，希望能够看得更真更仔细。然而，这些只是物质世界的观察和体会，也许会有了不起的学术成就，但也只是宇宙生命真相的冰山一角，无法真正为人类带来满足、喜悦和希望。

宇宙生命的真相不存在于宇宙的物质世界，而存在于宇宙意识。人类对生命的真正体验和觉醒，也不在于身边的物质世界，而是自己的精神意识世界。

[宇宙由物质和意识合一构成]

宇宙的物质，是我们所能见到的广袤星空中的黑洞、星云、恒星、行星，是我们在地球上所看到的山川河流、动物植物、飞机大炮、房屋道路等万物万象。但是除了这些，宇宙还向人类展示了它的清澈、深邃、宁静、有序、自然、圆满、清明、无限，以及它对运行在它生命里的万物充满大爱、利他、公平，抑或有规律、有能量、永不止息等，这些便是宇宙意识。

[生命由肉体和意识合一构成]

人活着需要生存，生存就是我们物质身体的存在，但是除了生存，我们还有精神上的追求，也只有精神的满足和富足，才能让我们真正体验到生命的珍贵、美好、富足，才会去接纳更精彩的生命体验，更具能量地去创造更美好的生命。也唯有我们的精神和意识，可以永恒地存在于宇宙的某一个空间中，穿越千年时空影响他人、启迪他人，比如古代圣人的哲思。

因此，宇宙生命的真相并不那么深奥，它的真相不是创造一番事业获得物质和名利上的满足，也不是坚守一个爱人过上幸福的生活，而是体悟大道，通过修行让我们的心灵重回宇宙意识，突破时空的限制去感受，获得真正意义上的永恒。

只是有点遗憾，我们意识居住的身体是宇宙的物体，在按照宇宙的规律去运行的同时，它自身会产生认识，这种认识能控制我们身体的信息中枢，使我们得到的信息是加工过的，这样的信息或体会大多失真。

比如，很多人只看得见事物本身，而看不到事物之间密切的联系及因果关系；只看得见表相，而不知内在的实质；只看得见某一个角度，而不能全方位、多维度地认识……这些人仅仅抓住这些虚幻的影子，以为是真实，并为此拼杀奋斗终生而不得圆满。

这些都使我们对宇宙及万物产生了各种障碍，从而使我们无法接触到宇宙的真实信息及宇宙意识，也就无法识得真相，甚至在虚假的信息表相中不知道生命本性。当我们的灵识不知道本性，就与宇宙失去了灵性的联系和沟通。

要知道，对人类心灵的一种唤醒，不需要大动干戈，不需要去争斗去消灭什么，只要我们在日常生活中开悟明心，明了宇宙生命真相，超越这个虚幻不实的世界。虽然还是和其他人一样在三次元时代生活，却能让意识生活在四次元时代，无所不能，无往不利。

得道之行·启示1

体悟宇宙意识

生命的意义在于意识，人意识与宇宙意识相通合一就是一种高层次的意识，能够让我们体悟到宇宙生命的真相。

1.闭上眼睛，脑中静心幻想着宇宙画面，并用五个词来形容。

2.这五个词中哪些是物质层面的描述，哪些是意识层面的描述？

3.当你脑中浮现宇宙画面时，内心的感受是如何的？

宇宙意识是人类精神幸福的源泉

宇宙不仅为我们提供阳光、空气、矿物质等物质资源，同样也向我们展示了它的广袤、平和、清明、无限等意识资源。我们的精神意识需与宇宙意识保持一致，才能获得精神上的幸福。比如，我们通过宇宙的清明、纯洁、宁静，知道心灵也应该保持清明、纯洁、宁静；通过宇宙的和谐有序，知道人与人、国与国之间的和谐共处，有序合作；通过宇宙无限，知道生命的有限，要心存敬畏、感恩……宇宙意识能够给我们带来无穷无尽的能量源泉，对宇宙意识的感悟也是进入四次元时代的一个契机，希望大家能够静下心来好好体悟。

你信仰什么，生命就走向什么

"道"是客观的，其含义之一便是宇宙万物运行的规律。这种规律被我们察觉，作用于我们的意识便会形成我们的信仰，信仰便成为我们的人生观，是所有行为的思想基础，你信仰什么，生命就会走向什么。而我们对规律的觉察、感悟，通过描述便生出了定律，成为生活中的一些行为准则。

综观我们的言行举止，大致存在以下十二定律。

［因果定律］

厚道，才有厚报。世界上每一件事情的发生都不是偶然的，有果必有因，这是宇宙的根本定律，我们的命运当然也遵循着这个定律。我们的思想、语言、行为都是"因"，都会产生相应的"果"，种"善因"得"善果"，种"恶因"得"恶果"，而种"善因"还是"恶因"皆由我们自己决定，所以，我们的修行必须先明白自己的每一个起心动念都会带来什么样的言行举止，由这些言行举止又会导致什么结果。修行的真正进步，也体现在我们的行为是否越来越遵循因果定律。

〔吸引定律〕

我们的心念（思想）总是与其相一致的现实相互吸引，我们所处的现实是被我们心念吸引而来的，同时我们也被与自己心念一致的现实吸引，这种相互吸引以一种我们难以察觉的、下意识的方式，无时无刻地进行着。如果我们能够很好地控制自己的心念，让自己专注积极在美好的人、事、物上，就能把有益、美好的人、事、物吸引到身边。记住，你生命的一切被你的内在吸引而来，控制心念是命运修造的基本思路。

〔深信定律〕

你相信什么，就会发生什么。如果你深信某件事情会发生，这件事情就一定会发生。比如，如果一个人深信自己命不久矣，那么这个人要么吓死要么抑郁而死；如果一个人相信自己健康长寿，那么他在面对病魔时一定会积极应对，延长自己的寿命。所以，好的信念是一种福，想让人生充满福报必须建立好的信念。

〔放松定律〕

越是求，越得不到。放松是开发我们潜能的关键，我们只有在心态放松的情况下才能取得最好的成果。而最好的放松心态是清明无杂念，把目光放在你所追求的理想的人格、境界、人际关系、生活等上，然后放松心态，心无旁骛地精进努力。

［当下定律］

心境变，处境即变。我们不能控制过去，也不能控制未来，能把握的只有当下，此时此刻自己的心念、言语和行为。所以不管是悟道、参禅，着手处只能是"当下"，舍此无他。

［二八定律］

心能笃定，成功便是一定。人在达成目标前80%的时间和努力，只能获得20%的成果，这是一个很重要的定律。觉醒修行是长久的事，我们必须有足够的耐心，不要希冀前期80%的努力会有很大的收获，只要坚持，最后20%的努力就会有质的飞跃。

［应得定律］

你自己值多少，就能得到多少。发生的一切都是果报，人会得到应得的一切，而不是想得到的一切。所以我们要有忏悔心、感恩心，让灵魂和过去的习性逐渐脱离，然后不断地修德行善，改变过去的业力对我们当下生命的影响。

〔间接定律〕

不懂给予，不成大事。想要改变自己的某些方面，你要先帮助别人去改变那个部分，比如，想要自己有所成就，就先要通过成就别人间接达到。间接定律，是一种自我价值和他人价值的同时提升，当你在提升别人价值的时候就是在提升自己的价值。

〔简单定律〕

如果你认为只有忙忙碌碌地工作和生活才能取得成功，那么就错了！很多事情总是朝着复杂的方向发展，但复杂了就会有浪费，而效能则来自于简单，必须懂得找到关键部分，去掉多余的步骤，成功并没有那么复杂。

〔宽恕定律〕

宽恕，不是宽恕别人，而是宽恕自己！这点非常重要，一切利他的思想、言行的开端，就是接受自己的一切，并真心地喜爱自己。只有爱自己了，你才能断除因不满意、不喜欢而生出的嫉妒心、怨恨心，才能爱他人，爱世界，真正欢喜、无畏、安定地走好自己的人生。

〔布施定律〕

布施就是"给出去"。这个定律是说你布施出去的任何东西，终能成倍地回报到你身上。比如，你布施欢喜心，让身边的人愉悦舒服，你将得到他们回报给你的欢喜。当然如果你布施他人的是憎恨、忧愁、厌恶、愤怒，你也将得到这些不好情绪的回报。给别人，就是给自己，你不可能得到自己从未付出过的东西。

［负责定律］

"佛不渡人，唯人自渡"，人必须对自己的一切负责，不管遇到什么样的困境，第一个想到的应该是自己想办法解决，而不是去依赖他人。如果依赖心很重，就会让自己慢慢丧失处理问题的能力，从而总是盯着过去看，对过往已经发生的无法改变的事实长吁短叹、耿耿于怀。事实上，对你负责的只有你自己。

虽说世事复杂，其实皆有规律可循。对以上的十二定律的知道可以很好地帮助我们看清身边的万千表象，让我们生活得更从容、自在。

得道之行·启示2

发觉规律

请列举自己身边的一件事，并对照上文的十二定律，说说你所列举的这件事情当中，包含了其中的哪些定律？

对规律的认识和感悟，不是靠理解、记忆书上的东西，而是要在现实生活中从现象开始，以"为什么"为线索，一步步深入地观察、总结、归纳、思考、挖掘、感悟。

··· 领悟 ···

规律是事物间的联系

规律其实就是各种因素的相互关系问题。当然，你可能一时还看不透，但是对待每一件事情若能时时保持这种思考，必然能够让自己变得更加灵敏、智慧，无限地接近事情本源获知真相（规律）。

道之根本在于心

　　宇宙是无限的，具有不同的生命维度，对于同一个生命，处在不同的维度所看到或感知到的结果都是不同的。比如，处于四次元时代的人对世界的所思所感与处于三次元时代的人是不同的。

　　现实生活中，大多数人处于三次元时代，因此五官被限制在三次元中，阻碍着自己对宇宙人生真相的多维层次的认知。如同我们可以看见蚂蚁、微生物，但是蚂蚁、微生物处于二次元层次，却看不见我们三次元层次的人一样，即便蚂蚁和微生物处于我们身体之上，它们眼中的世界也不具备立体感，自然就不知道我们是人。人类也一样，觉察不到身处在高级生命监视的空间中。

　　不管我们的一生积累了多少的知识经验，整个人类历史积累了多少文明，我们根本无法用自身有限的知识去判定无边无际的宇宙。就如人的一昼夜，却是许多小生物的万生万死，人来宇宙中也不过是一瞬间。

那么，是不是说人无法突破时空的限制，感悟宇宙大道了呢？当然不是。

人与其他生命是不同的，人和宇宙一样都是由物质和意识合一构成的，人的生命就是对宇宙人生真相觉醒的一个过程，人可以通过对道的修行，突破自己的意识、思维限制，一步一步感悟到更高层次的"道"。只是这样的修行是一个循序渐进的过程，包含资粮道、加行道、见道、修道与无学道五个层次。

〔资粮道〕

"资"是资助，"粮"就是粮食，也就是说修行正如远行，需要善根福德、正法正念等为粮食资助己身。这是修道最初开始觉醒的阶段，它是一个积善行德的过程，只要你开始做好事，开始懂得忏悔，开始改变恶念，就是开始了资粮道的修行。在这个阶段的修行中，你能够越来越清楚地看见自己的信心、慈悲心，或者对"法""道"的欢喜心，当这些"心"不断增强，你的资粮道也正在增长。

［加行道］

加行道，指加功力进修之道，即为断除烦恼杂念而加倍用功修行，是资粮道的精进。这种修行可以是通过外在的方式、方法，比如通过参禅打坐，来做到静心、潜心，从而不断加持自己的修行；也可以是通过自身的生活体验，做进一步的觉知、觉察、觉悟。

［见道］

见道，指内心生起的断除烦恼的智慧。当我们具备了这些智慧，也就拥有了断除烦恼的法门。

［修道］

修道其实是"非修道"，到达此境界后，不是"我"做主在修道，而好似"我"无为而道自为之，任道自然运化于身中即为修道。通俗地来说，通过前面资粮道、加行道、见道的境界，此时我们会因道来审查、约束、开启自我，从"道"忘"我"，"道""我"一体，没有"我"这个主体，而是纯粹的"道"在我们身上起作用，直至与"道"打成一片的过程。

［无学道］

无学道，是指尽证真谛之理，解脱一切烦恼，学道圆满，真正达到解脱。

资粮道和加行道，此时的修行还是我们作为凡人的修行，为的是逐步达到圣人的境界；当到达"见道""修道"之时，我们就超越了凡人的阶段，而到了"无学道"层次。

而对道的修行，重在"心性"二字，儒家"存心养性"，佛教"明心见性"，道家"炼心炼性"，《大学》"正心诚意"，《中庸》"率性尽性"……然而，我认为"存心养性"四个字较为浅显，好理解也好进入。

人本来的心性其实非常纯良干净，只是会被后天的环境、机遇所污染，所以只要我们能够保持自己的这种"本心"不让其遗失，就可以做到至诚、至性、至悟、至道。世间只有极致真诚的人才能充分地发挥出他的本性；只有充分发挥出个人的本性，才能带领着众人发挥出本性；充分发挥出众人的本性，才能发挥出万物的本性；充分发挥出万物的本性，才能帮助天地培育生命；帮助天地培育出生命，就可以与天地并列得道了。

所以，道之根本在于心，道之终极在于"天人合一"。

其实，这五个"道"的层次，也分别对应下篇"五道"：资粮道对应知"道"，加行道对应悟"道"，见道对应做

"道"，修道对应修"道"，无学道对应得"道"，其章节中的"得道之行"也分别是对这五个层次循序渐进的一个修行过程，可以帮助我们极大地提高自己的"道"之境界。

得道之行 · 启示3

守护根门

　　佛教认为：六根①漏出种种烦恼，进入种种妄尘的门户，故称为"根门"。所以，守护根门就是守护身体感官的体验。比如，整天看明星八卦、逛街、浏览无意义的网页，听无聊甚至各种消极的音乐等散漫的行为就叫不守根门。

　　守护根门有两种方法：智慧守护和方便守护。

　　1. 智慧守护

　　当我们觉醒时，已经明白自己五官感受到的东西不过是现实的虚幻，便会有意识地对一些无聊、没有意义的事物不看、不听、不闻、不问、不触、不想，这就是以智慧来守护根门，从而不生烦恼。如果自己还未达到这样的智慧，就更需要这样刻意地去修行，比如，当升起贪心、痴心之时，通过觉察、觉悟的练习去看待、观察、感悟，最后把它判定为空性，从而控制自己的嗔恨等烦恼，就能少造很多业。

---

　　① 指眼、耳、鼻、舌、身、意。

2.方便守护

人人都有慈悲心、感恩心，让自己面对任何事物的时候，都能够用慈悲心、感恩心看待，尽量将自己的注意力放在利益众生的事物上，对众生有利，那就去看、去听，对众生无利，则不看、不听。这是非常简便的方法，故为方便守护。

········· 领悟 ·········

守护根门得"三神通"

当我们守护住自己的根门，不为世间万象所迷，便可经不断的修行达到"三神通"：天眼通、天耳通、他心通。

天眼通：大千世界的万物，全看得清清楚楚。

天耳通：听得宇宙所有生命之言。

他心通：能明明白白每个人。有了他心通后，讲经论道就很容易，能对治听的人心里的烦恼，针对他的烦恼讲解，自然就能容易断其烦恼。

结语：缘分"天"注定

万物不离其法，万法不离其宗，宇宙中的一切事物，我们人生中的一切机缘际遇都是由"道"决定的，所以说缘分"天"注定。我们无须烦恼，我们所要做的便是知"道"，在资粮道阶段正"四念"，即四念住：

正念住——以正念观身体；

受念住——以正念观察六根之感受；

心念住——以正念观察己心；

法念住——以正念观察心所思之法（道）。

当我们进行四念住修行时，是培养实修的好乐之心，资粮道的全部修行都包含其中了，其过程也是去恶积善的过程，即便修到最后未能证得大道，亦是一种人生的圆满。

我们不要觉得修道很难，约束太多。万事开头难，初学者必须有这样一个经过。我们从无始以来没有踏入过解脱之门，现在好不容易知"道"，得以进入资粮道，一定要好好珍惜，如果不小心仍然有可能失去机会。另外，生为凡夫的我们，一切都有赖于外缘，如果在日常相处中能够遇到正知正见的人，或能长期待在善知识身边，也能极大地帮助我们度过小、中、大资粮道，进入加行道。

所以，既然已经有缘，与"道"相遇，我们就要下决心，有生之年即使不能进入加行道，也必须要进入资粮道，感悟"道"，行善积德，这是生命觉醒必须迈出的第一步。

修行有道·棋道

棋道两境界：其一，知所然，知所以不然，力争每一步都趋近于正解，追求尽善尽美之状态；其二，时时内观自省，感受情绪变化，戒骄戒躁，证悟无常。

"后其身而身先，外其身而身存"，于棋道中知道人事方法、本源、规律、境界，自我升华。

第六章

悟 道

静悟开心激发人体潜在功能，
觉悟明了宇宙人生绝对真理，
这是人心的净化、灵魂的升华、生命的回归！

人心是神性，是一切存在的根本内涵，
它本就该是清净、无垢、无染的，
清净，心性空明灵动，不迷茫，不消极；
无垢，心无尘埃，眼中万物清明，无困惑，无得失，
无染，不为身外物所动，无诱惑，无繁杂。

对人心的彻悟就是对道的真知！
会看透生命，连接宇宙，
会用心去体验和享受世间的一切，
会创造和吸引一切的美好！

从无到有，从有到无

不要说宇宙的历史，就是人类的历史，我们短暂的一生在其中也只是惊鸿一瞥、沧海一粟。但是哪怕再短暂，也足够我们珍视、珍惜，因此，才生出烦恼、计较、快乐、幸福等诸多体验，更是不少人希冀着自己能够长寿、永生（历史上那些追求长生不老之人比比皆是）。

但是没有一个人做到！相反，一些伟大的哲人、圣人却一直在影响着当今的我们，"活"在我们的心中，为什么？

因为生命必须遵循生死的规律，任何人的生命体征都会在历史长河中消逝，留存的唯有其精神和意识。

[**肉体——从无到有，从有到无**]

《道德经》有云："道生一，一生二，二生三，三生万物。"这是我们华夏先哲对宇宙生化图景最优雅、智慧的表达，简洁地阐述了世间万物从无到有的过程，其奇妙之处在于宇宙自然能够自行酝酿、自行演化及自行衍生的存在，精神和物质皆是如此。但是，不管是精神的还是物质的，当我们最终消解回到最初的能量场之中，被封存着分解着，最终从有又回归到无。

[意识——从有到无，从无到升华]

人走到生命的尽头，肉体不存在，能留给后人、社会的只有思想或精神。如果这种思想或精神，得以照耀和造福更多的人，便会流芳百世，会随着后代人的继承、体会、解读、感悟、总结，而获得升华。这是真正意义上生命觉醒的过程。

生——死——永存——升华，这就是宇宙万物从无到有、从有到无的规律。

因此，人生价值和生命的意义，不在于长寿、永生，而在于精神、意识的永存和升华。

企业的意义和价值也是如此，都要追求一个从无到有，从有到无，再到升华的过程！

企业与人一样，创业之初是从无到有，然后经历从小到大、从弱到强的成长过程，而其核心成果和最终目的是品牌，是能够影响顾客消费心理的价值观，因为产品会过时，营销手段会过时，只有品牌的影响力不会过时。一旦形成了品牌，具备了社会影响力，哪怕已经没有了工厂、公司，创业者依然可以依靠着品牌重新起家，而这便是从无到有。

然而，"有""无"之间是可以相互转化的。

比如，从人类自身来理解：有些人活着，但已经"死"了，虽然肉体存在着，但是没有活出人的灵魂，"有"就成了"没有"；有些人死了，但还"活"着，虽然肉体不存在，但是思想和精神依然影响和启发着一代代人，"没有"就成了"有"。

从我们出生到小时候的混混沌沌，到慢慢有了善恶观、是非观、利害观后，趋利避害，一步步地成长着、计较着，但终有那么一天生命会消逝，一切都归为虚无，化为另一场的轮回。当你了悟了这个过程，知道自己的一切也只是一场经历，便懂得返璞归真，让自己重返一个混沌自然的状态，缘道而行，随遇而安，少是非心、执着心、计较心，尽情体验这个世界的美好，那必然是喜悦的。

得道之行·启示4

体悟虚无

我从何而来？我目前的身份、地位、财富、情感，最终又会去向何处？既然人生是一个从无到有、从有到无的过程，为何我还有着执着和烦恼？

作为常人，我们常认为反复考量一件事情的利害关系能够有利于结果的利益最大化，于是在这样的权衡中一会儿高兴，一会儿悲伤，执着一切，便生了无限烦恼。而其根源在于我们还未体悟虚无，也就是未明了"生不带来，死不带去"之真意。因此需要勤加修行，时时告诫自己"无即是有，有即是无"，不生计较心、得失心。

··· 领悟 ···

平常心则为大精进

意识首先是执着一起，创造了所有的烦恼。只有当我们的意识突破自身意识这个局限，得以连接宇宙意识时，方能斩断烦恼。而修行是什么？不是不做事、不思考，也不是拜师、打坐、读经典……（这些只是一种引导，一种功法），只有当你真正明白了、开悟了，才是真正意义上的道的修行，从而对事情的发生没有那么多的得失计较，一个念头出来了，是道则进，非道则退，不在内心衍生出那么多的是非利害，让自己有一颗平常心，这便是大精进。

所见即所得，当下即永恒

一个人被老虎追赶，情急之下攀上悬崖的一根枯藤，老虎在地面对着他咆哮，他紧紧抓着枯藤不敢松手。但是当他抬头的时候，发现悬崖上一只老鼠正在咬枯藤，一旦枯藤咬断他便会掉下被老虎吃掉，情况真是紧急万分。这时，他收回目光，发现悬崖边长了一颗鲜艳欲滴的草莓，他心中一喜，忘记了老虎和老鼠，把手伸向了草莓……

也许看完这个故事，你会认为这个人"心真大"，那么危险还顾及着草莓。

确实，用不了多久，枯藤就会被咬断，他会被老虎吃掉或奋力拼搏最终打败老虎死里逃生。

但无论是哪种情况，都是下一步的事情，此时他唯一能够把握住的就是眼前的这颗草莓及这颗草莓所带来的快乐体验。那一刻他没有忧虑、恐惧，也未因此消耗过多的能量，身心没有负累，喜悦而幸福。

在人生的道路上，我们总是会有种种的不如意，会前怕狼后怕虎。但是这样的担心、忧虑是多余的，因为我们无法留住过去，也无法预知未来。计较过去，担心未来，只会白白消耗自己的心力，让自己在纠结、痛苦、郁闷、悔恨中度过，人生不得解脱、喜悦。

我们要懂得善待自己，放过过去，放下未来，把握好当下，也就是把握好此时此刻，也唯有此时此刻是最真实的。而过去、未来也都是由无数个"当下"积累起来的，把握当下，也成就了过去，把握了未来。如果一味地渴望未来或留恋过去，便会错过当下；如果当下没做好，则意味着过去、未来都是一种过错。

然而道理很简单，做起来却不容易。

当下是呈现在我们眼中的现实，是我们的所见，受环境以及人的七情六欲、悲欢离合的情绪制约，每一瞬间的感受都不尽相同，更无法保证全都是正知正觉，都是快乐喜悦。我们的当下"所见"有着丰富的内涵和背后的心理动机。

〔所爱即所苦〕

每一个人都需要遭受爱别离苦，喜爱的人、事、物我们总是希望能够永远享受与他们在一起的感觉，可是生命是无常的、脆弱的，没有什么是永恒的，那些能令我们幸福、快乐的东西一旦失去会带给我们很大的痛苦，所以，活在当下，享受现在与他们在一起的每一时每一刻便好。

〔所贪即所欲〕

贪恋金钱的人，会因为得不到金钱而耿耿于怀，不得快乐；追求权位的人，会花费大量心血前思后计……我们的贪欲会是困住我们的牢笼，会让我们的心情随它而改变，所以荀子说"君子役物，小人役于物"。当我们专注当下，便会不计较得失，获得一种充实、满足的快乐。

〔所见即所是〕

他人会是我们内心的写照，我们可以通过别人看到真实的自己。能看到别人的好，是因为自己的内心也拥有这样的优秀特征，我们应该把注意力投注给自己，强大自己，强化这种优秀的品质；看到别人的不好，是因为自己的内心也存在着这样潜在的缺点，只是自己没有发现或者不愿意面对，此时我们的注意力和能量依然也要投注给自己，反思、反省、改过、重生。

[所见即所得]

我们都生存在物质的世界里，但是我们更是生活在自己的精神世界里：东西是一样的东西，但在不一样的人看来却是不一样的。因此你具备怎样的思想境界，入你眼的事物便具备怎样的品性。比如，同样是梅花，在凡人看来不过是自然界的一种花，但是在文人墨客眼中便成为了高洁品质的象征。而当前事物在你眼中所呈现的样子，也会是你当前的境界。

其实以上四个当下的内涵是相互呼应的，因为只有你真正放下了贪爱执着偏见，你才能真正享受到当下的快乐；只有你专注于当下了，也才能真正放下贪爱执着偏见，获得永恒的快乐。

我曾看过一首很有哲理意味的短诗："我落到哪里并不重要，重要的是，有过声音、速度和光亮。"但是从自在人生的角度讲，我会将最后一句改为"重要的是，现在的声音、速度和光亮"。

当下是最重要的，活在当下，就是善待自己，就是解脱自己，就能让自己从容地走在自己选择的道路上，不念过往，不忧未来，坦坦荡荡、悠悠然然地享受人生每一个美好、精彩的时刻。

得道之行·启示5

活在当下

你会在吃饭的时候想其他事情吗？

你每天睡觉前脑中还会想着白天所发生的事情吗？

其实当下的修行无处不在，比如，吃饭就是吃饭，只专注地享受眼前的美味，感谢上天给了我们健康的身体和胃口；睡觉就是睡觉，抛开一切烦恼，尽情地享受柔软的床褥带来的舒适与安逸。活在当下，就是把自己所关注的焦点都放在当下的人、事、物上，全心全意地品味、接纳、投入、体验他们所带来的一切美好感受。

所以，当我们吃饭的时候就是吃饭，睡觉的时候就是睡觉，喝茶的时候就是喝茶时，就是在练习回归当下。当然此时的修行已经是在上篇"觉醒之旅·练习6——安住当下"基础上更进一步的逍遥自在的练习。

.... 领悟 ....

修行在当下、在平时

与当下即永恒一样，人生或修行的功夫也在于当下和平时。所谓平时，由当下构成，是自始至终、随时随地、每时每刻，我们所思所行全部的过程。如果抓不住当下，平时就抓不住，如果平时抓不住，永远就抓不住。同时当下、平时的修行也是加行道中非常重要的一个内容，是真正意义上的日日加持，时时精进。

一切问题都是心的问题

宇宙万物皆由道生，道为"虚无"，是一个能量场，在这个能量场的作用下，我们的意识和物质一样诞生了，并深刻地影响着我们现实的生活，让我们得以从自己的"心"出发，去发现、认识、探索、领悟这个世界。

然而，你对这个世界认识到何种程度呢？

有的人浑浑噩噩一生，挣扎在物欲虚妄之中不得解脱；有的人虽能看破红尘，却陷入更深的迷茫；有的人机缘巧遇，生命觉醒，窥得大道，得大智慧大解脱……而这种种莫不是人生的三重境界：看山是山，看水是水；看山不是山，看水不是水；看山还是山，看水还是水。

[看山是山，看水是水]

当我们初来人世时纯洁无瑕，对万事万物都抱有新鲜感，眼睛看到什么便是什么。他人告诉我们是山，我们就认识了山；他人告诉我们是水，我们就认识了水。自我意识尚处于萌芽阶段，不过是他人意识的灌输和影响。

〔看山不是山，看水不是水〕

一个人随着年龄的增长，经历了世事繁杂，便会发现眼中的世界越来越复杂，甚至黑白颠倒、是非混淆。进入这个阶段，我们是激愤的、不平的、忧虑的、警惕的、迷惑的，我们也不再轻信，看山看水都会在感慨，指桑骂槐、借古讽今，山、水不再是自然的山、水，而是带上自身浓浓的主观意识。

〔看山还是山，看水还是水〕

历经了第二境界的纠结、执着、迷茫、痛苦，有的人开始通过自己的修炼，生命开始觉醒，领悟宇宙生命的真相，洞察人生虚无，懂得当下即永恒，便茅塞顿开，回归自然，这个时候以平常心、自然心对待宇宙万物，便看山又是山了，看水又是水了，只会专心致志做自己应该做的事情，面对芜杂俗事不再计较，一笑了之。

对这三重境界，第一重境界所描述的是常人状态，认为一切都是实实在在、天经地义的；第二重是对万事万物有了怀疑和思考，这是哲人的境界；第三重是见识到世界本来的面目，证悟到虚妄都不是外物而是自己的偏执，这是圣人境界。

其实从第一重境界到第二重境界中间需要的是"四觉"中的觉知、觉察、觉悟，真实地感受到自己活在天地之中，感受一个真我；从第二重境界到第三重境界需要的是觉醒，在迷茫、偏执中觉醒，这要靠"悟"，也要靠修行；而第三重境界则是对道的深切感悟，唯有如此才能真正意义上摆脱虚妄。

可惜，许多人到了人生的第二重境界就到了人生的终点，争强好胜，机关算尽，追求一生，劳碌一生，最后发现并没有达到自己的理想，于是抱恨终生，差的就是觉醒。想要让自己觉醒，就要不断精进、证悟，感受真我与所蕴含的道的逍遥自在境界，无他、无物、无我，一切皆自然，一切皆欢喜。

正如一位大师所说：人本是人，不必刻意去做人；世本是世，无须精心去处世。这也是真正做人与处世了。

戒贪、戒嗔、戒痴

人具有三大根性：自私、贪欲和痴迷，也就是经典所说的"贪、嗔、痴"。当进入人生的第二境界时，这三大根性的作用便显现出来。

那么贪是什么？财、色、享受？除此之外还有什么？成功、主张、荣誉、使命、梦想、道德、自尊等是不是贪？是不是欲？是不是包含着我们的仇恨心、愤怒心？

其实，我们对万事万物的看法和态度也都会被"贪、嗔、痴"蒙蔽、污染，心性不得清净、纯净。这也是为什么很多人停留在人生第二境界而不得进入第三境界的因缘所在。

所以，我们在现实中对"贪、嗔、痴"进行细化，通过学习、引导，也就是修行，查找出这三大根性，不能有任何的偏袒，从根处寻找，通过外部反照内心、检验内心、修正内心。

戒贪、戒嗔、戒痴就是戒自己

我们大多数人，遇到问题只把眼光瞄准外部或表象来找原因，很少会对自己进行彻底的反思。由此，一些问题也就成了我们视觉、知觉、感觉的障碍，在考虑问题时会不自觉地将自己的意识融入对事物的认识中，成为我们个人的主张，而不是真相。而这也不是"出家""往生"能够回避的，如若不对自身进行深刻的反思，一些心性没有去掉，"出家""往生"也不过是一种形式而已。

结语：你拥有的就是你的幸福

　　未悟道之时，我们的意识还未转化为大智慧，哪怕已经觉醒，闻识修所得的智慧，都不是真正的智慧，其本体还是我们的意识，而非道。我们的意识会产生种种念头，有时念头是善心，有时念头变成贪心，因此需要修禅、打坐、静心等诸多功法来加持自己所证得的大智慧，这便是加行道。

　　加行道的修行借用佛教的说法（虽是佛教的说法，其内涵却是不一样的，希望同修不要以修佛教义看之），包含四个阶段：暖位、顶位、忍位和世第一法。

　　一是暖位。现实生活中，在见到火之前我们能够感受到火的温暖，而见道好比是遇见火，在我们见到这把"道"之火时，也能感觉到道的"温度"，故此阶段称为暖位。

　　二是顶位。顶，顶尖。虽然我们的加行道没有修完，但是进入此阶段后，便会无限地接近道，我们心性不会动摇，不会转退。

三是忍位。忍位，忍什么呢？就是无论对道的虚无、自然、空性等都能接受，不会有疑问、质疑，也不会产生各种各样的想法，因为此时已经开始亲身体会到一些道的境界了。

暖位、顶位、忍位的修行，其实从境界上看基本是一样的，区别是对待外物、外境的体会有模糊、清晰、非常清晰之别，境界的深度也在不断地增长。

四是世第一法。世第一法，就是指世间理法的顶点，而世间理法的顶点便是道。进入此境界，我们便能更加专心修道，甚至依靠道来修行，产生无漏智慧①。

其实加行道的修行是对我们虔诚、精进、正念、禅定、智慧五根的修行，具备这"五根"后，修行便会变得非常喜悦，就会像对待我们所热爱的事物那样，再辛苦、再艰难也是快乐的。

---

① 指能断除尘世烦恼而证得真谛但还未获得认知上的根本转变的智慧。

修行有道·诗道

人是宇宙意识的映像，诗是宇宙自然的投影。

在文字表达上，物就是物，人还是人，它们都遵守自己的习性，同时物、情易相交相融。这赋予诗歌镜头感、视觉性及思想性。

所以对诗歌的领悟重点不是"语不惊人死不休"地去欣赏其瑰丽、奇特的表现手法和语言，而是用禅悟之法擦拭内心，洞察世间规律，了悟人间之情。

第七章

做　道

生命是宇宙万物沟通的预言，
生命是宇宙真理实践的过程，
爱你所爱，做你所爱。
权位不会让你显赫，
成功不会让你卓越，
失败不会击垮你，
平淡不会淹没你
……

世间一切皆是美好的安排，
一切皆可成为你生命的绊脚石，
也都可成为你人生的垫脚石。

大道至简，知行合一

地球上生物万千，从简单到复杂，其生长的奥秘只有简单的四个字——物竞天择；武术高手在对决时，总是一招制敌，击中要害，绝不会摆什么花架式；精明的商人一招领先，便步步领先；得道高人往往不用太多的语言，一语便可道破天机……

大道至简，越是简单的，越是有效的、永恒的。

然而，大道至简的"简单"，并非贫乏，而是一种高级形式的复杂，其背后本质的来源是错综复杂的，需要我们能够洞察事物的本质和运行规律，并在博采众长、融会贯通的基础上，去糙取精，剔除累赘的、无效的、非本质的东西，抓住根本，是一种化繁为简的觉醒，是一种知行合一的亲证过程。

〔知——知悟天命〕

知是知道，是醒悟生命本质，觉知真理真相，是知天命。而天命难违，天命，是我们作为人在现实生活、社会中所要承担、完成的使命。可以说从出生到每一个社会角色的建立，我们都被赋予了使命，使命是我们生命的意义和价值。

〔行——践行天命〕

行，是实践。知道了自己的生命意义和价值，就要将这份价值落实到自己的行业、岗位、角色中，不断地完善自己，丰富、提升自己的兴趣和特长，更好地为所需要的人服务。

〔合——天人合一〕

在实践的过程中，将我们的意识与宇宙的意识连接，让自己的意识更加清晰、明了，得以融入万事万物，从本源规律着手，顺天而为，更好地解决事情。

〔一——无限可能〕

"一"即"一切"，"一生万物"，掌握了本源和规律，就可以创造无限的可能。

他事、我事，所有有关天命的事统一，顺天而为、顺其自然地知行合一，以天命引领自己的言行，这便是符合天道，便是真正意义上践行生命的价值。

　　世上的事情难就难在简单，简单不是敷衍了事，也不是单纯幼稚，而是更高级别的智慧，是更成熟睿智的表现。我们常常感觉事情复杂烦琐，往往是因为智慧欠缺，不能领悟大道至简的原理。

　　世间对道的修行有诸多的殊胜诀窍，很多人学习众多的法门，花大量时间练习各种功法，却不得其精髓，缺的不是用心和专心，而是知行合一。道理很简单，它不在于修行，不是将道理束缚在我们的意识层面，而是在于我们实际的运用，将道理实践于我们生活中的每一个领域。

　　只有当我们真正去做了，尝试了，能够做到复杂的事情简单做，简单的事情重复做，重复的事情用心做，长期坚持，依靠至简之"道"的无形加持，我们的身心才会或多或少地得到不同的裨益，才能真正地做道。

得道之行·启示7

善用加减之法

一个人的现状一定是曾经的作为造成的，除去天生注定的，剩下的都取决于我们自己，取决于我们对身边人、事的取舍。然而，取舍对很多人来说并不容易，要计较得失，要权衡利弊，从而让人、事更加复杂，自己也熬得身心俱疲。

比如，你正在经营一家企业，其中有几个项目运营良好，但是其中的有些项目市场前景很小，此时你会怎样做？是继续运营这些项目，还是果断地砍掉前景不好的项目，将精力投入市场前景好的项目？

这个选择是很痛苦的，因为砍掉那些项目对公司现阶段的影响还是很大的，这些项目也是收入的根基，但是它们前景很小，再投入便是浪费人力、物力。

所以，让事情变得简单，并不是一件简单的事情，需要对所做之事有全局的统筹、规划和削减，需要付出极大的智慧、勇气和信心。

做事用减法，做人用加法

做事用减法就是在做一件事情的时候减去不必要的旁枝末节，让复杂的事情简单化，比如，再大的事情一分为二地看待便能很简单，再难的事情从简单入手，循序渐进就能做成；做人用加法，就是不断地精进修行，用自己的汗水、真心、操守、智慧努力地实践磨炼，增加做人的德行，获得大智慧，这样我们的人生才能不断圆满。

尽最大可能地做和体验
原本具足的自己

你知道自己想要的是什么吗？你知道人生是自己一手创造的吗？你知道自己身上蕴含着无限的潜力吗？

人本身就是一个小宇宙，在践行宇宙真理的路上，也是我们对自身生命重新认识的过程，我们将会发现自己就是一个小宇宙能量体，人的意识是宇宙意识的体现，蕴含着天人合一的无尽奥义和能量。

[人体是小宇宙能量场]

我们人体内部结构和运行原理同宇宙是一样的。人体最小的单位是"细胞"，细胞再分解到最小的单位是电子、原子、分子，此时如果从微观角度想象人体的构造，人体在我们眼中呈现的便是一个"繁星点点"的小宇宙能量场，我们所获得的生命特征和行为莫不是这个能量场所提供的能量，并按照这个能量场的秩序在运行。

同时，我们作为身体的主宰，并不需要去直接管理它们，但是我们日常的言行举止却会影响到人体小宇宙众生的生命质量和秩序的稳定。同样，宇宙意识作为万物的主宰，并不需要直接管理我们，但是我们对宇宙意识的感悟、修行，可以影响到我们生命的质量。由此也可以看出"天"人是相应的，可见人体这个小宇宙是多么的优越生动。

[人的意识是宇宙意识的体现]

宇宙意识需要生命意识作为载道之器，亲自体验宇宙万物的发生过程，以及道的无上至尊即不可思议。而世间万物，人具备至高灵性，不仅具有意识，可以自由连接宇宙意识，若有机缘还可以窥视更高维度，比如，四次元时代的奥义。

正是基于这样的一种意识存在，我们对现实世界的认知得以看透现象，抓住本质，不被世间万物的表象所迷惑，从而体现出宇宙的意识，更可以照耀和造福他人，获得永恒。

简单来理解，人就是宇宙意识的载体，我们自身的运行系统（身体系统和意识系统）与宇宙的运行系统相应相通，自然能够感应和沟通宇宙意识，从而顿悟全知全明。这样，

"天道"与"人道"是相通的，互相感应、互为映照，故曰"天人合一"。

所以，你是一个"宇宙能量"汇集于一体的生命体，你在自己所成长的这个物质世界也从来没有和宇宙本源分开过，你原本具足。

你选择什么，宇宙自然就去做什么，你也必然会成为什么，你自己的命运完全掌握在自己的手中。

你的内涵本质是"神"，是宇宙意识，本就具备无限的智慧和创造力，关键是这种意识是否觉醒，是否激发出了你内在的无限潜能。

你活着的意义，就是尽最大的可能去做和体验"原本具足的自己"，百分之百相信自己的无限生命力，无限可能性，无限创造力，自然呈现完美的一切，也是完整的自己，在最高喜悦点上，最好的感觉上，将清晰、明确、简单、喜悦、富足的感觉，自然溢出和显化到现实中。这是做道最简易和省力的方式，也是一个净化心灵、返璞归真、回归道体的过程。

得道之行·启示8
修正习惯和习性

我们熬夜、暴食、纵欲、不卫生、贪婪、忌妒……便会产生消极的能量物质，我们身体小宇宙的生态系统就会受到冲击，变得紊乱和无序。

反之，当我们节制、规律、卫生、满足、喜悦……便会注入最优质的能量物质，让身体小宇宙的生态系统得到加持，从而更加符合宇宙大道。

作为人，对宇宙意识的自然感应功能并不会消失，这是蕴含在我们自身内在的慧根，但是随着我们与自然的分离和后天一些意识及不好行为的强化，我们会降低感应的灵敏度，从而扰乱我们的小宇宙能量场。因此，我们需要通过做道修行，修正自己的习惯和习性，尽最大可能地做原本的自己。

修长生和寻解脱

做道最重要的是用实际行动去改正自己不正确的观念和行为习惯，养成正确的观念和习惯。而正确的行为习惯必然是与本体及道相符合的心理和生理习惯，从生理层面来讲，宇宙的一切都是缘生缘灭的过程，想要获得长久，就需将自己同宇宙的本体也就是自然规律，用生理修炼的方式进行连接，如四季养生之道，这个修行就是修长生；从心理的角度来讲，因为有烦恼而寻求解脱是本意，寻找烦恼的根源和心的归宿的修行就叫寻解脱。不管是修长生还是寻解脱，宇宙生命的根源都是道，都是顺应道而进行的做道，对我们自身来说就是一种精进的过程，这是证道的实质。

在实践中不断地修正自己

大道至简，道本来就是现成的，不仅存在于我们所认识的世界万物中，更是存在于人自身。同时，对人自身的生命而言，人生是一个不断战胜自我、超越自我，到达新的人生高度乃至感悟宇宙大道的过程。

所以，修道，首先需要我们在实践中完善自己，让自己的心变得祥和、欢喜、圆满，甚至可以如一盏明灯去照亮当今这个喧嚣、浮躁的社会。

那么，如何在实践修行中不断地完善自己？

不论是东方人还是西方人，当代人还是未来人，修行都需要经历修身养性、觉受增长、明体进诣、天人合一四个步骤。

[修身养性]

修身养性是任何人都可以进行的修行，它可以使我们身体健康，使我们的心智本性不受损害，时时通过自我反省体察，使身心达到完美的境界。只要是做人，都需要修身养性，只有这个基础打牢了，我们才能在当下守护本性，开启一扇人生大智慧之门。

［觉受增长］

修身养性进一步的修行就是做加持功夫，也就是很多人都知道的类似修禅打坐，能够让自己静心、修心的功法加持。通过这种功法的加持，我们的觉知、觉悟越来越充盈，便在现实生活中让我们得到真正的受用，比如，感悟中庸之道，为人处世不偏不倚、中正平和，家庭、事业、健康皆可趋于圆满。

［明体进诣］

明体，光明体；进是进步，诣是造诣，进诣指造诣很深。由于觉受增长的缘故，我们会摆脱贪嗔痴慢疑，人生无碍，无碍之后我们的力量便会形成一个整体——光明体，具备足够的德行、智慧照亮我们周身的世界。

［天人合一］

与万物融为一体，此乃修行的最高境界。

不管得道的修行有多少种法门，可以变化多少花样，每个人的修行都要经历以上四个步骤。佛教的四禅八定，道教的炼精化气、炼气化神、炼神还虚、炼虚入道，莫不如此。而这四个步骤也是我们自身能量不断提升、不断修正自己的过程。

当我们的能量提升得越来越高时，我们便会开始真正理解每一个人，每一件事，逐渐改变与身边人、事、物的关系。

我们会明白，人没有好坏对错之分，一切都是大家处在不同的意识振动频率中，你必须允许他说他想说的话，做他想做的事，接纳他对你的认可和不认可，喜欢和不喜欢；任何的事情都是有利有弊福祸相依的，没有绝对的糟糕，也没有绝对的幸运，我们能做的就是坦然处之，并以自己最大的可能去将事情向好的一面发展；我们必须对自己百分之百负责，而不是企图从他人、他物那里获得爱、怜悯、宽恕，一切的发心只为自己的乐趣、开心——做自己，一切的本心是慈悲、感恩、善良，挖掘我们内在所拥有的无条件的爱，让自己成为爱的本身。

得道之行·启示9

明德格物

当你在一位非常有爱心、宁静而专注的人身旁时，你当时是否也油然升起同样的美好感觉？

当你改变自我认同时，他人对你的评价和态度是否也发生了改变？

当你改变对事物的看法时，事物在你眼中发生了怎样的变化？

在做道的过程中，主体是我们自己，而对自我的修行可以让我们明德格物，净化言行，修炼品德，认识万事万物，从而达到最好的境界。

领悟

"大我"存在于爱的层面

做道，其实也是一个修"大我"的过程，当我们能够以慈悲、宽容、仁慈与爱对待自己和他人时，我们就成为"大我"了。所以，在做"道"时要学习爱我们生活中的每一件事，每一个感觉、想法和行动，把自己看成一个优美且充满爱的人，尽自己所能地成长与进化。

结语：用一生去守护

资粮道是修德，做个"好人"；加行道是志趣，矢志不渝；见道则是真实地悟证，也就是做"道"。

达到见道的境界，我们的内心可以获得很大程度上的自由，所有后天所学所得的执着、见解等烦恼可以断除，已经明显地体会到世间道的真诣，你可以明确感受到自己与周身的人、事、物的关系发生了质变，你可以对自己说：

"我知道自己的价值，也知道自己所追求的价值！"

"我会活得很自在！"

"我会观照身边的人事物，并影响自己的观照，从而肯定自己生为人的价值！"

"我愿意生活在物质界的时空现实，活在芸芸众生当中，以清晰而坚定的信念承担其一个角色，也欣然接受别人对我的看法。"

"我将不断地提升自己的能量，将自己的能量灌输到我所处的这个环境，并在此中获得强大的动力与欢喜。"

也许，在说以上这些话的时候，你会有点儿心虚，你此时的力量还很弱，直接利益众生的能量还不是很成熟，往往也会感到力不从心，甚至还夹杂着一点自私自利之心，在处理问题的过程中，也会产生很多的烦恼，甚至有可能丧失信心，觉得"道"离自己很远——这都是很正常的，毕竟这个阶段你只是以你的"道"而不是以真正的"道"来判断、影响身边的事物，因此你还需要"修道"，以真正的"道"，而不是我们所认为的"道"为初心、为法门进行进一步修行，才能真正获得喜悦。

不管怎样，能达到此境界已经非常不容易，你的人生也正在逐渐走向圆满，你现在的追求、价值、行为也都值得你用一生去守护。

修行有道·画道

用心作画，是修行；用心赏画，也是修行。

一幅充满灵性和生命思考的画卷，一个富有饱满鲜活生命的符号，散发清净能量，让灵魂回归自然，回归对于人的本性思考，生命和价值再次得以重视。当我们在画中看到生命的源头，就会接近幸福。

第八章

修　道

心是一切，一切是心，
宇宙即我心，我心即宇宙。

以宽恕之心包容生活所有的不快，
以希望之心斩断未来未知之烦恼，
以慈悲之心撒播人间大爱，
以感激之心拥抱接纳一切——
以宇宙之心，照耀生活、生命、精神、灵魂。
这是让人类摆脱自我束缚，
跳出矛盾怪圈，
摒除后天意识干扰最简单易行的方式。

修行不是得到，而是放下

　　不管是宗教还是民间的修行流派，都会提到道。道是世间万物所面对的最大的奥秘，除非人的意识与道的意识合一并证悟，否则奥义就不被揭晓和完成。因此，需要修道，以道的真谛来修行自己。

　　然而，修道到底修什么？

　　有这样一个小故事：

　　有人曾问禅师："修行让你得到了什么？"

　　禅师答："什么都没有得到。"

　　那人再问："什么都没有得到，你还修行做什么？"

　　禅师微笑："但是我可以告诉你我失去了什么。我失去了愤怒、计较、悲观、焦虑；失去了贪嗔痴三大根性；失去了凡俗之人的一切无知习气障碍；失去了对生老病死的恐惧……"

修行的真谛，不是为了得到，而是放下！

[放下分别]

听、看、闻、尝、触、想皆有评判，这个评判便是分别心。古人云"悟道不难，唯嫌捡择"。"捡择"就是分别和取舍，因有分别心，故才去捡择，故生疑虑、烦恼、计较。而道是平等无分别的，众生皆平等，存在即理由，在领悟此道义后，我们应当放下分别心。

[放下欲望]

我们的欲望一直存在着，这是心的一种状态，拥有智慧的人也有欲望，区别是他们会向内反观自己，不单单知道它们，更不允许它们"染污"己心，不会随心所欲，换句话说，便不会再去执取任何的一切，内心是安静、平和的。

[放下苦乐]

道，"有就是无，无就是有"，当善和恶、喜和悲、是和非升起时，以道心审视，可觉知一切，不被一时情绪所左右，引导我们跳出"生"与"有"之道，无乐无苦、无善无恶，回归道之本源，获得无上的逍遥自在。

[放下自卑]

不是每一个人都可以成为伟人、圣人，但道的修行能够稀释一切的痛苦和哀愁，能够让你无所畏惧地面对人生的艰难困苦，感受到自己的思想高过眼前的高楼、山峰乃至他人，收获人生的自信和喜悦。

世俗阶段的修行，我们往往因为头脑、性格、环境的限制，依然有着分别心、执着心、苦乐心、自卑心，故而内心依然纷杂、喧嚣、浮躁。

但是随着修道的逐步深入，会逐渐挣脱脑与心的具体限制，现实中的一切便会相互融合，我们会越来越真切地感受到道的真谛，并以此为自己的言行准则，便能放下"个体心"、低级我，于内心的宁静处感受完整的智慧和意识，并在体验时心中澄明、祥和，这便是进入了修道阶段的修行。

所有好的修行最后都必须回归一个本质——内心的宁静、祥和。

修道者的一颗道心，不会到处驰散，善与恶、喜与悲、是与非升起的时候，便能觉知一切，不会像纵容孩子的每一个随心所欲一般地纵容自己的情绪、心念、习气，然后不憎恶，而是内心清清楚楚地明白世间本是如此，你就会放下，以平静、平常的心去对待，透过智能观察，了解"诸行"的自然改变，而安住于宁静中。

得道之行·启示10

深度觉醒

前文，我们了解了宇宙生命真相，知道了我是谁，从哪里来，到哪里去，但这只是我们觉醒的初级阶段，在修道的阶段，则是用"道"来进行实践开启深度的觉醒。

如何深度地觉醒？

1. 看淡

看淡就是以道心来守护己心，不执迷于情绪、情感，而被其束缚，不要什么都希望别人以浓情厚意相待，有的时候浓烈反而不能长久，就像太绚烂的花总是特别容易凋谢，平常心、淡然心待之便好。

2. 守空

空不是没有，正所谓"真空生妙有"，要先有"空"才能生有，比如茶杯空才能装水，心里没有成见才能接受真理。因此有了"空"我们才能体会更多。我们做事也要从"空"的观念开始，不要希望他人都为我们做好、准备好，真正有用的人能够在空无之中成就一切。

3. 存疑

道的修行是一个悟的过程，小疑小悟，大疑大悟，不疑不悟，在疑惑处下手，如此学道才有精进。

道的醒悟，不是心的憎恶而是心的宁静

混乱升起的地方，就是宁静可以升起的地方，只要我们懂得放下，通过道的匡正，就能摒弃现实生活中的局限性业相，最终个体化的灵魂得以实在地与道为一。

醒悟，并不表示我们对世间拥有的诸多事物的憎恶，而是心里清清楚楚地了解到万事万物的真相，以一种既不极端也不悲观的心放下，通过道的启发、约束，了解世间"诸行"的自然改变，而心始终安住于宁静、祥和之中。

中空之德，包容万事万物

道是宇宙万物一切运动变化的主宰。老子说"器用者空"，这是什么意思呢？如果道是一个容纳宇宙万物的容器，那么德就是"空"，道的容器正是因为"中空之德"才是有用之器。举个通俗的例子：我们住的房子，因为有空间能够容纳我们，所以才有居住的用途。

因此，道的实践，因为中空之德，才显道之作用。

那么，这个"中空之德"是什么？就是包容——宽容和接纳。

其实修道修到一定的程度，和当领导有些雷同。当领导要学习领导艺术，统领、包容属下；修道是感悟宇宙意识，体验先知先觉，一切无碍，唤醒大众。二者的对象皆是大众，大众万千，各具特色，我们亦是大众之一，面对大众不排斥，心有宽容，接纳众生，方得圆满。

[宽容是解脱]

宽容是解脱烦恼的良药。在现实生活中，不如意之事十之八九，任何人和事都不会一帆风顺，争执和矛盾都是难以避免的，在为人处世中学会宽容，保持良好的心态，不计较、不追究，既是善待他人，也是善待自己。

[接纳是幸福]

人的一生就是一个不断变化和成长的过程，它并不完美，会遇到许多形形色色的人和磕磕绊绊的事，而幸福，从接纳开始。接纳就是直面生命中的每一个不完美，停止逃避；是让自己对自己负责，停止抱怨和怨恨；是懂得吸纳别人的优点，充实自己，让每一个人的个性、天赋和志趣得到尊重和开展。

与朋友打交道，不计较个人得失，理解、接纳朋友的缺点；与众人打交道，不计前嫌、化敌为友，共同进退；与事情打交道，不算计利弊，接纳任何结果，安然地享受过程……拥有包容之心，才能得解脱，拥抱幸福。

而在更深层次上的理解，包容也有着一定的必然和必要性。

身为人，我们个体的全部都依赖于集体而存在，个体相互之间以情、欲、素养、观念、修养、言行、时空等纠缠交织在一起，这种纠缠交织其实本质上是观念、思想磁场的集合和精神的延续、碰撞，难免有纠葛和冲突。

但是，当我们非常爱一个人或尊敬一个人的时候，这个人就可以在我们的内心世界丰满起来，包括潜意识当中，比如进入梦境；同理，当我们非常讨厌一个人，这个人也会在我们的内心世界显现，包括潜意识。不管是爱的，还是讨厌的，他们都和我们有着千丝万缕的联系，代表了我们的愿望、欲望，我们都应该平等地宽容对待。

更何况，每一个人都具备永恒存在于宇宙的潜质，每一个生命有可能是道的延续和继承，这是上天赋予每一个人的"天命"，也是我们必须包容的"道义"所在。

包容之心是修道人最大的"中空之德"，无论是为人处世，还是修心养性，还是道义本身。自古君子和而不同，兼听则明；佛讲究不分等级，只要缘分到了便需救度。那么修道也是如此，不管贫贱还是富贵，不管文盲还是博士，不管喜欢还是讨厌，我们都需有一颗宽容的心，能包容下任何人、事，这才是修行的功夫。

得道之行·启示11

明　德

生活中哪些人和事是你所讨厌的？他们和你有什么关系？

你为什么讨厌他们？

其实宽容这些人和事对我们来说就是一种修行：

对厌的宽容——根除偏见；

对坏的宽容——亮眼明心；

对异的宽容——丰富自己；

对难的宽容——磨炼心智；

……

宽容别人，是给自己的心灵让路。只有在宽容的世界里，才有人与人的和谐、人与社会的和谐、外在自己与内在自己的和谐。我们不但要自己喜悦、宁静，还要把这份喜悦和宁静分享给身边的人。

行有不得，反求诸己

"行有不得，反求诸己"，这句话出自《孟子·离娄上》，它的含义是：事情做不成功，遇到了挫折和困难，或者人际关系处得不好，就要自我反省，一切从自己身上找原因。

很多人为人处世不懂宽容的一个主要误区是不观内而观外，有了问题，不是反躬自省，而是怨天尤人，把目光专注于他人、他物，狭隘、偏见，甚至蛮横和无知。当我们懂得反躬自省时，便是获得了一种包容的能力，尤其是随着能力的提升达到了随时随地的他我监督本我的境界，不疑惑，不计较，不欺瞒，不逃避，自然会过着自在的生活。

修行改变的不是你的生活方式，
而是生活态度

挤公交的时候，往后退一退，让他人先上——这是布施；

亲朋同事聚会，不贪杯，不给他人带来麻烦——这是持戒；

平常时时提醒自己不要懈怠气馁——这是精进；

时时留意观照自己的起心动念处——这是观心；

遭遇他人怒火，即使他不对，礼让一下——这是包容；

思量诸行无常，诸法无我——这是修智慧；

……

修道并不难，只要我们坚持和遵循道的法则，且身体力行，按照道的原则为人处世，就是在修道。故而老子说"从事于道者，同于道"。

而在这样修行的过程中，我们不需要改变职业、身边的人，也不需要脱离我们现在的生活环境和条件，而是不停地在生活当中去体悟、实践，让真理逐渐修复自身内在的缺陷，改正我们对人生、生命以及周围人事物的态度，获得一份更加美好的生命体验。

所以，对道的修行不是改变我们的生活方式，而是改变我们的生活态度。一个人拥有什么样的生活态度，也决定了一个人拥有什么样的生活。

然而，每个人生活态度的形成和改变是一个动态的过程，一般受制于个人的社会环境、人生阅历、文化教养和心理因素的消长变化，且有着消极和积极之分。修道的意义就是在于摆脱消极的生活态度，获得一个积极的生活态度。这个积极的生活态度它有四个衡量标准。

〔明确的人生目标〕

每个人都有自己的人生目标，但是常人的目标往往也只是局限于个人和家庭，非常狭隘，且无法恒久。而修道的人生理想是自觉觉他，自利利他，不仅是为了个人的解脱，更是为了帮助更多寻求解脱之人获得解脱，这也是我们人生的终极目标。

〔以探索真理为己任〕

真理是指导我们前进的原动力，人生真正的"精进"要以探索真理为己任。修道就是对真理的探索，从而给自己的人生带来光明。

[积极止恶，积极行善]

人间有善恶，在我们的人格当中这两种力量也同样存在着，但是我们的人性无善恶之别，善恶往往在于我们的一念之间。修道就是挖掘出生命中善的力量，遏制乃至消除恶的力量，让我们的每一个起心动念皆和善法、善德相应，使我们更加慈悲、包容、祥和。

[完善人格，济世度人]

人格是个人显著的性格、特征、态度或习惯的有机结合，虽然无好坏，但善恶却与其共存。因此想要达到济世度人的终极目标，先要完善我们的人格，其要诀就是断除烦恼。外在的客观现实只是造成烦恼的外缘，真正的烦恼来自我们的内在，比如，面对挫折是否生起烦恼，与一个人的观念和素养有关。修道是一项断除烦恼寻求解脱的生命改造的工程，只有断除了人类有史以来贪嗔痴杂染的诸多烦恼，我们本有的清净、清明自性才能得到显现，人格才能进一步完善，而这正是济世度人的基础。

在明确人生目标的前提下，积极追求真理，传播真理，从这个意义来说，修道的人生态度无疑是积极的。

　　不管我们是为了生活奔波不停，还是为了人际关系焦头烂额，修行不是为了改变我们的命运，不是让我们不生病，不死亡，不是为了财富、利益和欲望，而是用行动来印证道的真谛，让它成为自己的生活态度，跟着道的节奏，不管是家国大事，还是一饭一菜之间，也会充满适意和诗意。

得道之行·启示12

从修身到治国

古人常说：修身、齐家、治国、平天下。这是非常积极且正确的人生目标和人生态度，与上文中修道的积极人生态度有着异曲同工之妙。

也许对有些人来说，企、国有点"遥远"，只有人、事是我们每天都在面对、发生的，但真是如此吗？

其实，通过前期的修行，我们降低了欲望，减少了贪欲，让自己正知正觉，是非曲直分明，在待人处事上能做到真诚、宽容，无分别心。

当修养提升，便有了智慧，此时就可以把家庭、企业经营好。

家庭、企业是国家的缩影，一个能把家庭、企业经营好的人很可能会把国家治理好。一个能把国家治理好的人，也很可能能够让世界充满和谐。

当一个人具备了"平天下"的能力后，修身、齐家、治国还在话下吗？

修身、齐家、治国、平天下，彼此间的关系是层层递进、相辅相成的。

利己心与利他心

在悟道之前，我们以自我为中心，生活是痴愚、烦恼的；修道以后，以道为己心，以道为生活态度，是利他的、普世的，自然就比较快乐、安宁，而我们的生活也必然是精神重于物质、智慧重于情感、大众重于个人、布施重于接受。

结语：让我们同心同路同行

道是规律、法则，自然是规律的本源、宇宙运行的原则。修道，就是以道来作为自己的原则，不断启发智慧，修正己身，获得三个珍贵的成就。

一是心智的成就。也许你掌握了伟大的知识，拥有高深的见解，但是不悟道，它们是外在灯光散落在你身上的华彩，随着灯光的熄灭，终究要与你脱离。比如，当你重病的时候，你的心并不是宁静的，它根本不受你的知识和见解所控制，在种种业相中，心总是不禁会慌乱、害怕。但是悟道了，参透了生死，便明白在重病中出现的恐怖，是镜子上的雾气，持续不了多久。

二是验修的成就。当修行进行到一定程度时，我们会对这个世界进行重新连接，获得一种全新的体验，但是这样的体验无常、短暂，就像山谷的回音，瞬间消失。如果你想永恒地占有这种体验，就会如想要留住水中月镜中花一般地痛苦。而真正的修道，会让我们从这些虚幻体验中解脱，心中始终有喜悦和光明，巨大的宁静会一直伴随着我们。

三是明智的成就。修道可以加持我们的平等心，平等地对待生活，安住当下，于自我的心性中消除执着和烦恼，宽容并慈悲，生活中任何的事物都无法搅乱这种内在的明智。

其实，修道没有什么奇特的地方，它的实质就是以道反复深入我们的心性、言行，并且以"道义"来改变它们，否则我们宝贵的人身、人生就会被浪费。让我们同心同路同行，用心修行大道，最终得道！

修行有道·书道

书法无穷，浩然有正气。

若要使笔墨达到动如河海、静如山丘、行云流水、舒缓飘逸、跌宕有致、轻柔圆滑、连绵不绝的效果，就必须使自己融于天地自然，达到物我两忘、物我一体的境界，形美感目，神美成心，做到笔墨中的阴阳统一、和谐，书法艺术自然美妙无比。

第九章

得　道

你让心享受，就会干成事。

曾经的能量——心想事成；
现在的能量——心享事成！

想，会让你更多的关闭；
享，会让你最自如地打开！

心想，只会带给你更多的思想；
心享，才会带给你更多的享受！

不忘初心，方得始终

一个行者问禅师："您得道前在做什么？"

禅师回答："砍柴、挑水、做饭。"

行者问："那得道后你又做什么呢？"

禅师回答："砍柴、挑水、做饭。"

行者再问："既然没有差别，何谓得道呢？"

禅师回答："得道前，砍柴的时候惦记挑水，挑水的时候惦记做饭；得道后，砍柴是砍柴，挑水是挑水，做饭是做饭。"

从禅师和行者的对话当中，我们可以领悟两个道理。

一是大道至简，最平凡的也就是最深刻的；二是大道无他，最初的就是最后的。

佛家有云"出家如初，成佛有余"，如果在修佛的过程中始终保持出家时"第一念"那般精诚，早就成功了。其实悟道、修道也是如此。

　　道的修行之路是由痴愚的凡夫到领悟大道成为先哲圣人的过程，并不那么简单，中途会有诱惑和迷茫，甚至修到最后，陷入虚妄，与道相背离。有的人将其归为社会环境的影响。实际上，社会环境不足以影响我们，如果我们心中的方向标始终坚定，也就是永葆初心，任何复杂的世界，任何复杂的时代环境，都不会使我们道的航线发生改变。而这正是《严华经》所说的"不忘初心，方得始终"。

　　那么，什么是初心？我们可以从道和生活两个层面来理解。

［道——安住在真如本性中］

　　在道的层面，"初心"就是修道时最初的心理状况，是真如、初衷、本心、意愿，也就是那份最真诚质朴的求法向道之愿。在悟道、修道中，最看重的就是这份初心。如果起心动念，初心改变就会受控制，便有执着和妄想，生妄心。

［生活——与生俱来的本心、本性］

　　在生活层面，初心是人之初那一刻与生俱来的善良、无邪、真诚、进取、宽容、博爱之心，不忘初心，就是不迷失本心，不迷失最初的本性，看清人生与自身，坚持到底，才能有始有终地达到目标。

道随初心，"初正则终修"，修道如此，做人也是如此。

在纷扰变化的世界中，初心最真实，一切初心中，道心最稳固，最珍贵，只有有了它，我们才能开始修道之路，也只有怀着这份初心，我们才能真正得道成为同心同愿之人。

得道之行·启示13

慎终如始

每做一件事情时，你有没有想过自己做这件事情的初衷？

修行到此阶段，你是否还记得自己最初的修行意愿是什么？

如果你发现你所做的事情或此时修行的目的、方式已经与自己最初的意愿相违背或有出入，那么，就要警觉了，需要让自己停一停，重新回头审视自己的初心，甚至重新从心出发，让自己始终保持开始的那个态度、本色，"慎终如始，则无败事"，不因事业有成而昏了头脑，不因失败挫折而沮丧失意，这样便永远没有失败，永远都在进步。

·········· 领悟 ··········

人生最大的困厄是被驱使

综观人的一生，最大的困厄是被驱使：被父母催促着去学习，被生活逼迫着去挣钱，被上级逼迫着去做事……也许很多时候这是我们的责任，但是因为不情愿，人生就会像是背负着巨石一般，沉重、无奈。但是一旦我们得道，从自己的初心开始，做自己想做的事情，不后悔，肯坚持，虽然难免会有痛，但会得到成长的享受，人生的享受。

正知正见，正能量

得道是"善始善终"，是一种自由、不偏执、不担忧，眼前呈现什么便是什么，也不特别关注任何事物却又与任何事物融为一体的逍遥享受的状态。

从最根本的角度来讲，衡量你是否得道，有七大元素。

〔**能量——能力、勇气转化人格、人生**〕

宇宙最基础的存在是能量，我们人最根本的存在也应该是能量，这种能量是能力、勇气，是我们面对万事万物时觉知、觉察、觉悟的燃料和动力，从而使我们能够突破生活中阻碍自己觉悟的"幻象"和妄念，帮助我们转化自己的人格，乃至人生。

〔**决心——不动摇的意志直面挫折、失望**〕

决心、意志是能量的先决条件，缺少了它们，能量就会变得孱弱甚至彻底流失。那些不管遇到任何失望、痛苦、恐惧，却始终坚持如一的人，便是因为他们具备坚定不移的决心和不动摇的意志。也唯有如此，我们的能量才能在挫折和失望中得以释放、爆发。

[喜悦——赤子之心轻松突破障碍]

如果我们只有能量和决心，人生会显得过于沉重、严肃，缺乏一种道的灵动。所以，我们还需要一份喜悦之心。这个喜悦之心是我们见道、悟道时的一份欣喜，一种轻松的人生态度，会让我们无论做什么事情都充满兴致，甚至带有一份孩童的纯真好奇，任何事情只是单纯地去做去体验。

[仁慈——善待自己或他人]

仁慈是一种非常重要而必要的品质。人生艰难，对自己仁慈，会让你更加信赖自己，更好地放过自己，更深地体验自己的本身、本心、本性，消除小我、假我障碍，将大我解放出来。同时，仁慈会带给我们无私的态度，拥有仁慈之心的人，心便会柔软而真诚，能够友善地对待每一个人、每一件事，从而令自己与身边的人、事、物更加和谐、喜悦。

[祥和——获得宁静体悟解脱]

为了体证真正的得道解脱，我们的心必须能够安静下来，因为解脱的境界往往是转瞬即逝的，如果我们永远只是在思考、担忧、焦虑，并让自己始终处于热闹、活动的状态，就是在阻碍对解脱的体证。而祥和是一种安静下来的能力，在这种身心俱获宁静的状态中，我们会自然升起觉知，觉察细微，感悟解脱。

[融入——专注而忘我地体验眼前的一切]

融入，就是完全沉浸于自己正在做的事情当中，甚至达到忘我的程度。比如，前文禅师所说的"砍柴是砍柴，挑水是挑水，做饭是做饭"，心中完全停止了区分或分别，与眼前的一切彻底融合。这是一种能力，也是得道的一个境界。当我们能够修到这个境界，便能身无他物、物我一体，做任何一件事情都可以从容、淡定、享受。

[觉醒——一切澄净而清新]

觉醒就是获得一份清明的觉知，能够如实地看见万事万物真相，自己的世界犹如一片万里晴空，不再受过去的观念或意识制约。但并不是说你身处于这样的晴空，而是你本身就是这晴空，是道在内心彻底的觉醒和清明。

这七大元素是我们的正知正觉、正能量，得道就是这七大元素的融会贯通，最终转化为我们自身的一个品质，将我们带入四次元时代，体悟到一个完整的宇宙意识，最终让我们彻底放下、解脱。

觉在当下，生命王道

道在我心，不管是这本书所讲的"四觉"还是"五道"，都是一种由浅入深的心性修行，最终要改变的也是我们的心性，让自己获得正知正觉的能量，连接宇宙意识，超脱物外，意识永恒。

于是，我将其精髓整理成了"生命王道"课程，提供一套完整的心法修炼系统，包含三个法门（修包容、修放下、修不执着）和三个阶段（运道、财道、福道）。

［修包容、修放下、修不执着］

关于包容、放下、不执着，前文已经有了诸多的分析和分享。

这里我需要着重强调的一点是"大爱无疆"。生命王道课程，从我们人的基本困扰和生活的常见业相出发，适用于任何人士，无教派分别，也不要你去皈依或改变生活方式，一切都是自然而然地在现实生活中修行，无碍无别。

[**运道、财道、福道**]

第一阶段是运道——命运之道。

道是规律，其中也蕴含我们命运的规律。

很多人抱怨自己命运不好，那么什么又是好命运？好命运不是指好的出生，也不是什么好的运气，其核心是从观念到心态，到行为，到习惯，到性格的一个动态修行过程。一个人观念改变了，就是极大地提升了自己的软件系统，内在的改变必然会引起外在的改变，于是你的行为、态度、习性也会跟着做出相应的改变，最后会改变你的性格、心性，这样一整套改变的完成，自然也就改变了命运。这是命运的规律图，甚至可以成为"命运公式"。

另外，智慧和知识最大的不同是：知识是简单变复杂，而智慧是复杂变简单，也就是大道至简。从这个角度理解，"生命王道"课程中的运道，就是提炼古代先哲智慧，将其简单地阐述出来，让你能够易懂、易悟、易修，改变命运。

第二阶段是财道——财富之道。

财道就是财富规律。

"君子爱财，取之有道"，财有善财和恶财之别，善财有

"三合"——合法、合情、合理，凡是不合法、不合情、不合理的财就是恶财。比如，坑蒙拐骗偷抢所得之财，贪污所得之财，便是恶财。恶财我们留不住，它有因果，你在得到它们的时候，也心生了恐惧，不敢存，不敢用。而一个觉醒、开悟的人，会明白财是一种能量，是一种能够带给我们快乐的能量，一旦这个作用消失，财便成了负能量，背负着负能量过一生，注定不得正果、喜悦，那么，再多的财也便失去了意义。

另外，财富源于我们做的每一件事情中，它可以是有形的也可以是无形的，财道的基础和本质是做事，对财道的修行就是处世的修行。

第三阶段是福道——幸福之道。

在很多人看来修行是很苦的，比如，那些苦行僧，穿布衣，风餐露宿，过苦日子。其实这个认知是错误的。在"生命王道"的修行中，你会体会到，修行是一种快乐，无须你抛弃现在的生活方式，而修行最大的道场就是红尘，通过由浅入深循序渐进地修行，我们不知不觉地领悟了人生智慧，慢慢改变了对人对事的态度，会获得一种平静和豁达，也就是一种开心喜悦的状态，在这样的状态中，修行本身就是一种享受。

同时，修行不是问题的减少，修行者的问题其实比不修的人更多。因为你不修，没有觉醒，无法体悟眼前生活之外的智慧，但一旦修行，感悟到这些智慧的时候，必然有一个觉知、觉察、觉悟的过程，这个过程会充满困惑和迷茫，但是一旦觉醒，人生便会照进一道灵光，醍醐灌顶，冲破万象万物的迷幻，获得一种永恒的清明，这是极大的幸福。

所以，从修行本身的角度看，修行也是一种幸福之道。而从幸福本身的角度看，幸福的规律是和谐，通过修行，你真正的放下，不再执着法执、我执，宽容、慈悲、感恩、无私，宇宙万物和谐，这就是幸福。

修包容、修放下、修不执着是"生命王道"课程的修行法门；运道、财道、福道，是"生命王道"的核心系统，也是修行的道果：运道是做人，财道是做事，福道是和谐。当我们通过修行将这三个核心系统地贯穿到我们人生当中，便是一种极大的圆满，就是我们生命中的王道。

得道之行·启示14

运道、财道、福道的开启

　　自然界的运行有着自身的规律，人的一生也有气运的影响，这气运便是运道、财道和福道，运道是做人，财道是做事，福道是和谐。当这三道皆为生老病死、爱恨离别、贪嗔痴颠所影响控制，我们就会迷失自己，让自己的身心沉睡、麻木、迷茫，被不安、烦恼、纠结、悔恨、不甘等负面情绪所充斥，我们便会觉得自己运道不佳，财道受阻，福道受损，于是，我们自身的运道、财道、福道便真的为之受损，继而我们会求而不得，舍而不能，得而不惜，内心无法满足、喜悦和幸福，以致陷入无尽的苦痛之中。

　　其实，运道、财道、福道各有12把开启钥匙。这些钥匙，在"生命王道"的课程中我都会有详细的阐述，并有相对应的具体方法。不管你身在何处，都能帮你了解让自己当下自在的能量；不论如何，都能助你开启一扇人生的圆满之门。

不是为什么而是用什么

有的人认为活着的意义在于爱情，结果一生为情所困；

有的人认为活着的意义在于事业，结果一生奔波劳苦；

有的人认为活着的意义在于功名利禄，结果一生患得患失；

……

很多人最大的迷惑就是把外在的东西错当成了自己的目的，只要有了目的，痛苦也就伴随而生了，因为会得不到、放不下、已失去。得道之后，我们的人生已经不是要为了什么，而是要用什么。外在的东西都只是我们的工具，要当成工具来使用，包括长寿、健康、学识、富有等，这一切都是工具，都是得以让我们无限接近道的工具。

结语：世界广大，命运一体

　　得道就是让你与自己的本源能量重新融合，觉醒自我，获得清明、完整的人生力量。而我写这本书的目的是想帮助同修们有意识地去觉醒，去回归道的认知状态。一旦你自身的这种认识和能力与永恒的宇宙意识、法则相结合，与你的本源相连接，等待你的就是全新的觉醒的人生及不可言喻的极致喜悦。

　　然而，让别人来创造你的现实，是不完整的，当我已经把道理和方法摆在你的面前时，一切都要靠你自己，自修自持，自觉觉他。

　　当你有了这样的自觉后，你虽然以物质的形式存在，却会是宇宙中恒常的存在；你的人生也许困苦，但是道的圆满会流向你，让你顺其自然，只要如呼吸一样敞开、放松、吸纳就行；

你将在全新觉醒的生命中，集爱、祝福、敬慕于一身，获得极大的喜悦及纯粹的成就；

你将能够极大地影响他人，与他人携手共同创造一个惊人的美好的举动——你的人生终将到达"道"的彼岸。

当然，这也不是一本很好懂的书，每个人的所感所悟也不尽相同，但它绝对是一本值得反复阅读的书，每一遍的阅读你的收获也会不一样。

修行有道·琴道

琴心即道心。

鸣琴舞剑、对月调琴，寻求神人相感、体道归真，"在俗元无俗，居尘不染尘"，以心契心，以道合道，在喜悦、宁静中回归本真，怡然自得。